El desafío del agua

Título: *El desafío del agua, defensa colectiva contra la ofensiva capitalista.*

Autoria: Marta Lizcano Barrio

1ª edición: Octubre 2024, Barcelona

Col·lección: *Barricada Present*

Descontrol Editorial

C/ Constitució 19, Can Batlló, Nau 85-90, 08014 Barcelona

www.descontrol.cat | Tel. 93 4223787

ISBN: 9788418283765

Depósito legal: B 17333-2024

Corrección: Núria Ortiz Güell

Edición: Descontrol Editorial | editorial@descontrol.cat

Maquetación y diseño: Descontrol Editorial

Impreso en: Descontrol Impremta | impremta@descontrol.cat

Distribución: Descontrol Distribució | distribucio@descontrol.cat

----

El desafío del agua

Defensa colectiva contra la ofensiva capitalista

Marta Lizcano Barrio

Premi Descontrol 2023

EDITORIAL DESCONTROL

Este libro es la propuesta ganadora del Premio Descontrol. En esta edición del premio, el equipo de Descontrol Editorial quisimos incentivar que las autoras mujeres, personas no-binarias y otras identidades disidentes escribieran sobre nuestra realidad: el mundo en el cual vivimos y sufrimos, las luchas, las opresiones, las resistencias, las disidencias y las alternativas. Ante la gran participación que hubo y la calidad de los textos que recibimos, decidimos de manera excepcional dar un accésit. Esperamos que disfrutes de este texto tanto como nosotras lo hemos hecho editándolo.

Equipo de Descontrol Editorial
Ana, Ane, Facu, Hèctor, Ibai, Júlia, Pablo y Sergi

Premio Descontrol ENSAYO

Para mi hijo Mateo

A mis editoras, Ana e Ibai, y a todo el equipo de Descontrol, por darme la oportunidad y el apoyo necesarios para escribir este libro. Y, sobre todo, por ayudarme a encontrar mi propia voz entre un mar de citas y referencias.

A mis padres, por inculcarme el amor por la lectura. A mi hermano, por ser mi fiel lector aunque no le guste leer. A Carlos, por cuidarme siempre, especialmente mientras escribía este libro, y por ser mi calma en mitad de la tempestad. Los cuidados nos hacen libres.

A toda la gente que ha escrito los textos sin los cuales este nunca habría visto la luz. No existen la ciencia y el conocimiento en el vacío.

A quienes creen que otro mundo es posible, especialmente desde el pensamiento libertario, por ser una fuente de inspiración y caminar a mi lado. A quienes luchan por que el agua sea de todas.

A mis amigas, por ilusionarse tanto como yo por este proyecto y confiar en mis capacidades cuando yo no lo hacía.

A las personas que habéis leído o vais a leer este libro. Nunca dejará de parecerme fascinante que alguien se anime a leerte. Gracias, de verdad.

Nota de la edición

El libro que tienes en tus manos es fruto de un periodo de acompañamiento que desde Descontrol Editorial hemos hecho a Marta Lizcano gracias al Premio Descontrol 2023, que ganó con su propuesta de escribir un ensayo divulgativo acerca del negocio con un bien común como el agua.

El texto que ahora lees ha sido escrito entre enero y junio de 2024, con lo cual, puede que algunos datos hayan quedado desactualizados o hayan cambiado. En general, hemos intentado puntualizar en las notas todas las informaciones con su fecha de publicación lo más actualizada posible de 2024.

En el caso de que encuentres algún error, o tengas sugerencias, no dudes en ponerte en contacto con la editorial y/o la autora.

Descontrol Editorial

Prólogo

Carmen Madorrán Ayerra

Agua. Es una de las primeras palabras que decimos cuando aprendemos a hablar: poco después de decir *mamá* decimos *agua* aunque nos comamos la ge. Y no es por casualidad sino que tenemos ya entonces una certeza: necesitamos agua, queremos agua. Que somos agua en un planeta lleno de ella es algo que aprendemos después para más tarde olvidarlo fieramente. Igual que nos habituamos a otras tantas cosas que nos rodean, también damos por supuesta el agua. Como si no fuera una excepción que permite el desarrollo de la vida en mitad de este universo en que flotamos. Como si el agua, bien invisibilizada en nuestros recientes imaginarios fósiles, fuera el resto y no lo importante: aquello que hay que saltar para ir de un continente a otro. Nuestra miopía es tal que ignoramos de dónde viene el agua que bebemos, con la que nos duchamos o lavamos los alimentos. La desubicación general en que andamos en la cacareada sociedad del conocimiento hace que no miremos, como si por ello no existieran, a los millones de barcos cargueros que cada día surcan los mares para transportar de un lado a otro del planeta el sinfín de objetos y alimentos que nutren el comercio internacional y nos ponen un mango o una camiseta tirada de precio entre las manos[I]. Pero hace ya tiempo que es difícil dar la espalda a algunos de los problemas que trae la marea. Llevamos décadas sabiendo del plástico en los mares, cada

---

I   Sobre este fascinante asunto es muy recomendable el libro "Rose George Noventa por ciento de todo" (https://capitanswing.com/libros/noventa-por-ciento-de-todo/) y para hacernos una idea de la magnitud del problema de un vistazo, encuentro muy útil esta herramienta que permite ver el tráfico marítimo en tiempo real: https://www.vesselfinder.com/es

vez con mayor frecuencia y más cerca de nuestro ombligo oímos hablar de sequías, y también se dice que pasa algo con la cantidad de agua que se usa para la agricultura intensiva y las macrogranjas.

El libro de Marta Lizcano pone en juego para el tema del agua una pregunta que me interesa en general: ¿cómo es posible que sabiendo lo que sabemos continuemos como si nada? La autora mira de frente a algunos de los problemas de nuestra relación con el agua y traza un mapa que nos permite entender mejor la crisis ecosocial que define nuestro presente. Si nos atrevemos con una pregunta aparentemente tan sencilla como la de *qué es el agua* y vamos más allá de su composición molecular, veremos que el asunto se complica. Si el agua es imprescindible para la vida estaremos de acuerdo en que el agua es un bien. Pero, ¿qué tipo de bien es?, ¿cómo lo hemos tratado las distintas comunidades humanas a lo largo del tiempo?, ¿cuál es la historia del agua y cómo se entrelaza con la nuestra? Uno de los cursos posibles de esa conversación sería el que plantea la comprensión del agua como un bien natural. Eso nos situaría en la encendida discusión sobre el carácter apropiable o no de los bienes naturales, de la relación entre bienes naturales y bienes comunes y las fórmulas de gestión de los recursos hídricos. No cabe duda de que los distintos procesos de privatización del agua que Lizcano estudia pueden ponerse al servicio de una batalla más amplia y es la de si es posible superar la *tragedia de los comunes* que popularizó Hardin[II] pero que ya estaba presente en Aristóteles: «Lo que es común a un número muy grande de personas obtiene mínimo cuidado»[III]. Sin duda, en la era del Antropoceno (o Capitaloceno) lo que podemos asegurar es que la propiedad o gestión privada de

---

II   Garrett Hardin, *The Tragedy of the Commons*, Science 162, 3859 (Dic. 13, 1968): 1243-1248.

III Aristóteles, *Política* 1261b 33-34, trad. Manuela García Valdés (Madrid: Gredos, 1998).

un bien tampoco garantiza su protección a largo plazo ni en beneficio de una comunidad global. Como ha sugerido el profesor Rodrigo Míguez, en un contexto de crisis ecosocial global como la que enfrentamos, la discusión y la disputa sobre la titularidad de los finitos recursos naturales cobra una especial importancia[IV]. En esa batalla entre *dinero y vida*, como dice Lizcano, uno de los focos prioritarios será el del agua.

Una segunda conversación importante discurre en torno a los conflictos hídricos. Me parece acertado el enfoque doble que plantea la autora al diferenciar los conflictos que se desencadenan por la gestión del agua entre los distintos actores implicados de aquellos otros conflictos abiertos por otros motivos y en los que el agua comparece como un arma de guerra más (pone como ejemplo el Sahara Occidental, Kurdistán y Palestina). Respecto a los del primer tipo, una herramienta que me ha resultado muy útil para abrir la discusión en distintos foros es el cortometraje de animación de 2009 titulado *Abuela Grillo*, fruto de una excelente colaboración boliviano-danesa[V]. Allí, en pocos minutos y sin mediar palabra, se recoge la guerra del agua y las distintas posturas al respecto a partir de una narración de la mitología del pueblo Ayoreo según la cual donde la abuela grillo está, donde ella canta, también está la lluvia. En realidad, en buena medida la pregunta de *qué es el agua* y la reflexión del cortometraje puede situarse en el terreno de las necesidades. Si el agua es un bien y también una necesidad para la vida, ¿debería ser una mercancía?, ¿y podemos seguir

---

IV   Rodrigo Míguez Núñez, «De las cosas comunes a todos los hombres. Notas para un debate», *Revista Chilena de Derecho 41* (2014): 7-36.

V   El cortometraje fue producido por The Animation Workshop y dirigido por D. Chapon, siendo los animadores A. Salazar, S. Villegas, C. Delgado, J. Cuevas, M. Mealla, R. Nina, S. Pomar y M. Sejas. Para más información sobre el cortometraje, véase: https://www.miteco.gob.es/es/ceneam/recursos/pag-web/abuela-grillo.html

tratándola como si fuera infinita? Además de animar una discusión pública sobre lo anterior (en la que yo defendería el No en ambos casos), creo que lo importante es pensar si podemos imaginar alternativas de gestión y uso del agua que sean más deseables, justas y sostenibles ecológicamente que las imperantes. Eso a lo que el sociólogo Erik Olin Wright llamó *utopías reales*, ¿qué forma adoptarían en el caso del agua? Lizcano nos provee con un mapa de ejemplos de resistencia y numerosas estrategias que distintas comunidades están poniendo en práctica a lo ancho del planeta para defender el agua, sin duda un buen lugar por el que empezar a responder.

No me resisto a señalar que una comprensión del agua como necesidad, ligada a la vida, implica también una comprensión antropológica bien diferente a la auspiciada por el capitalismo fosilista. Frente a la ensoñación de la autonomía humana respecto a las bases fundamentales que permiten nuestra vida, el agua nos recuerda que somos interdependientes y ecodependientes. Lejos de sufrirlo como un destino creo que ese es un buen punto por el que comenzar a redibujarnos, como ha hecho el ecofeminismo crítico. Este libro se llevará bien con el reciente Capitalismo caníbal de la filósofa Nancy Fraser, quien traza un lúcido diagnóstico sobre el capitalismo poniendo énfasis en las dinámicas de explotación y expropiación que preocupan a Lizcano. Para una comprensión cabal del mundo en que habitamos es imprescindible construir conocimiento colectivamente y creo que este libro es una contribución en ese sentido que pone a nuestra disposición muchos hilos de los que tirar ya sea por las lecturas que va recomendando a cada paso como por las discusiones que quedan en las riberas del texto. El atrevimiento de pensar e impulsar escenarios y modelos alternativos de producción, distribución y consumo, así como de relacionarnos entre nosotros y con el resto de seres vivos en un planeta finito es una labor irrenunciable en la que necesitamos todas las manos.

CAPÍTULO 1

¿A qué nos enfrentamos?

Esto no es como el agua que cae del cielo
sin que sepamos exactamente por qué.

M. Rajoy

INTRODUCCIÓN

Aunque Rajoy no entienda exactamente cómo funciona la lluvia, lo cierto es que las últimas décadas han supuesto una explosión de conocimiento científico en forma de investigaciones, publicaciones y piezas divulgativas sobre el tema. Sabemos cada vez más sobre cómo *funciona* la naturaleza, pero también por qué *falla* cuando lo hace. Entendemos por qué llueve y también, y quizás esto es lo más importante, por qué a veces deja de llover y a veces lo hace de forma torrencial. También hemos aprendido el papel que los seres humanos —con mil matices en el plural— tenemos en todo este galimatías climático.

Sin embargo, todo este conocimiento parece no ser suficiente para hacer frente a la crisis climática, a la contaminación o a la creciente escasez de agua. ¿Qué sucede? ¿No vemos —o preferimos no ver— el problema? ¿Lo vemos, pero nos sentimos incapaces de actuar? ¿O acaso no nos importa? Lo cierto es que dar una respuesta breve sería simplificar un tema tremendamente complejo. Pero cada vez más voces apuntan al sistema capitalista como raíz del problema. Y no solo como causante de la crisis climática, como veremos, sino también como una constelación ideológica que nos obliga a entender que el mundo en el que vivimos es el único posible, impidiéndonos hacer frente al problema e imaginar, siquiera, un escenario en el que seamos capaces de resolverlo.

El capitalismo basa su éxito en el crecimiento continuo. Un crecimiento que implica extraer recursos de la tierra, transformarlos —o sencillamente envasarlos, en su versión más lucrativa—, venderlos y generar desechos. Nos hemos acostumbrado, y hablo siempre desde la perspectiva del norte global, a que todo sea susceptible de ser comprado y vendido. Cuando las empresas ven que sus ventas se estancan, diversifican, ampliando así sus horizontes a nuevos productos y servicios. El último gran horizonte es el agua.

El objetivo de este libro es mostrar que existe un proceso sistemático de privatización del agua. Las fórmulas estatales y privadas de control de los recursos hídricos han ido sustituyendo a los sistemas tradicionales de gestión común del agua. En contra de lo que se nos suele vender, estos procesos no han servido para asegurar una administración de los recursos más eficiente, sino para hacer que ciertas personas acumulen dinero y poder.

También pondremos rostro a los conflictos hídricos, mostrando las consecuencias reales de estos procesos. Aunque el libro se centra en gran medida en lo que está ocurriendo en el Estado español, daremos pinceladas sobre los conflictos que tienen lugar en diferentes partes del mundo para mostrar que no se trata de casos aislados, sino de un proceso global y metódico.

Es importante entenderlo desde esta perspectiva, evitando discursos que puedan naturalizar la escasez de agua achacándola a una crisis climática sin responsables (sin ignorar, por supuesto, los límites ecológicos). Nos jugamos muchísimo. Es fundamental redefinir el marco en nuestros propios términos, dejando claro que los intereses privados no pueden estar por encima del bien común y menos aún en el caso de un recurso básico para la vida como es el agua.

Espero que este libro sirva para analizar este fenómeno y dotarnos de herramientas que nos permitan ver que las cosas no fueron siempre así, que hay otras formas de gestionar el agua y debemos luchar por ellas. Por nosotras, por el planeta y todos los seres vivos que habitan en él y por quienes vienen después. Como dijo la enorme Úrsula K. Le Guin: «Vivimos en el capitalismo. Su poder parece inexorable. También lo parecía el derecho divino de los reyes». Llenémonos, pues, los bolsillos de ejemplos de gigantes caídos, de imaginarios compartidos de mundos mejores que nos permitan construir y habitar el mundo en el que queremos vivir.

CRISIS CLIMÁTICA

Atravesamos una crisis climática devastadora. El de 2023 fue un verano de récords y se sitúa ya como el más cálido desde que hay datos[1]. Y, desgraciadamente, cuando decimos que el clima se sale de la normalidad no suele ser una buena señal. Por supuesto, un dato aislado no es necesariamente el indicio de un cambio de ciclo. Sin embargo, hace años que se puede analizar claramente una tendencia al calentamiento, especialmente si tenemos en cuenta que deberíamos estar camino de un periodo frío y no lo estamos en absoluto[2]. Según la Agencia Estatal de Meteorología (AEMET), que está llevando a cabo una gran labor de divulgación y luchando por desmentir bulos, hay muchos más récords de días cálidos que fríos[3].

A menudo nos imaginamos las crisis como grandes momentos de ruptura: espectaculares, globales, inequívocos. Con la crisis climática, las señales están ahí para quien quiera verlas: una tormenta de granizo aquí, un pico en la temperatura del océano allá, máximas veraniegas nunca vistas (pero que se superan año tras año)... No obstante, sin un análisis minucioso la imagen puede parecer más uno de esos dibujos de *une los puntos* que una fotografía. Intentemos trazar las líneas que nos faltan de forma breve para entender mejor el contexto en el que se va a desarrollar nuestra lucha por el agua.

Los océanos están alcanzando temperaturas nunca antes registradas; en julio de 2023 el Mediterráneo alcanzó varios récords, con medias de alrededor de los 28 °C y una anomalía histórica de más 3 °C. Además, el mismo mes la media de la superficie del océano alcanzó el nivel más alto de su historia, con 20,96 ° C, lo cual es preocupante teniendo en cuenta que las temperaturas récord suelen darse en marzo, cuando finaliza el verano en el hemisferio sur[4].

A nivel atmosférico, los datos no son mucho más alentadores. Los meses de junio y julio de 2023 fueron los más cálidos en el conjunto del planeta desde que hay datos (1850). Además, los veranos más calurosos de los últimos 174 años están concentrados en la última década[5]. En términos globales —y de acuerdo con la científica climática, astrofísica y divulgadora Kate Marvel— nos situaríamos ya 1,1 °C o 1,2 °C por encima de las temperaturas previas a la Revolución Industrial[6] (entre 0,8 °C y 1,2 °C, según el Panel Intergubernamental del Cambio Climático; IPCC, por sus siglas en inglés)[7]. El objetivo, fijado en 2015 con el Acuerdo de París de la Organización de Naciones Unidas (ONU), era no superar los 2 °C; no obstante, los esfuerzos se están centrando actualmente en limitar esa subida al grado y medio[8].

El deshielo se está acelerando. En 2022, la prematura retirada del hielo en la Antártida provocó que miles de polluelos de pingüino cayeran al agua antes de estar preparados para sobrevivir[9]. Por su parte, los glaciares de los Alpes están desapareciendo a un ritmo mayor del que se venía dando[10]. Todo esto, por el aumento de las temperaturas y las olas de calor.

Tal como advertía el Sexto Informe de Evaluación del IPCC[11], los fenómenos extremos son cada vez más frecuentes. En concreto, los fenómenos peligrosos relacionados con el agua son, además, los desastres que más muertes llevan asociadas[12]. Se trata de las sequías, inundaciones y tormentas, que, de acuerdo con la Organización Meteorológica Mundial (OMM), se asocian con 650.000, 58.700 y 577.232 muertes, respectivamente. Las temperaturas extremas también llevan aparejada una alta mortalidad (55.736 decesos), además de otros problemas de salud como, por ejemplo, los asociados a un mal descanso por el aumento de las noches tórridas (más de 25 °C)[13]. Este tipo de catástrofes tienen un impacto directo en la disponibilidad de agua. La OMM deja claro cuál es el problema al que nos enfrentamos: «El agua es el principal vehículo a través del cual sentimos los efectos del cambio climático. Para hacer frente con eficacia a los problemas del agua y el clima, debemos abordar el cambio climático y el agua en una misma mesa de diálogo, en la misma conversación»[14].

Estos datos pueden servir para hacerse una idea de a qué nos enfrentamos; mi objetivo no es desanimar a nadie, que cerréis el libro y no lo volváis a abrir. Nada más lejos de mi intención que sonar derrotista. Al contrario, creo que esto es necesario porque aún hay gente que dice: «Esto ha ocurrido siempre». Y para enfrentarse a algo, lo primero es saber contra qué luchamos y cuál es su origen. La *buena* noticia es que los seres humanos somos los causantes (profundizaremos en quiénes exactamente más adelante). Como afirma Carlo Buontempo (director del Servicio de Cambio Climático de Copernicus[15]) en relación con las temperaturas del verano de 2023, «los récords son parte de una tendencia drástica de incremento de temperaturas y las emisiones de gases de origen humano son el componente principal en ese incremento»[16]. Lo mismo opina el equipo del World Weather Attribution[17]: las olas de calor «habrían sido extremadamente raras» sin el calentamiento global causado por los humanos[18]. Y eso, aunque suene terrible, quiere decir que también somos quienes podemos frenarlo. Creo que esta información tiene que servir para ponernos manos a la obra. Como suele decirse, 1,5 °C es mejor que 2 °C. Cada cambio suma. Como afirma Kate Marvel en una entrevista que recomiendo mucho leer, porque me parece la combinación entre realismo y optimismo que necesitamos: «¿Podemos acabar con el cambio climático? No, no podemos. El margen para eso hace tiempo que se ha terminado. ¿Podemos evitar sus peores efectos? Sin duda». Y añade: «La razón principal por la que no sabemos qué va a pasar es que no sabemos qué vamos a hacer los seres humanos»[19].

Ya no hay excusas para ignorar el cambio climático. A pesar de los datos, hay quien aún rechaza la idea de que se esté produciendo —basta leer los comentarios de cualquier noticia sobre las altas temperaturas—. Aunque cada vez son menos las voces que se atreven a sostener esa posición, en EE.UU. se han invertido cientos de millones de dólares en financiar la negación del cambio climático y el daño está hecho, pues como poco ha retrasado la movilización; entre las fuentes de financiación se encuentran numerosas organizaciones conservadoras y también muchas cuyo origen es imposible de rastrear[20].

Sin embargo, hay dos fenómenos más inquietantes si cabe. Por un lado, el encabezado por quienes creen que el cambio climático se está produciendo, pero niegan que las causas sean antropogénicas. Y, por otro, el de quienes ni niegan que se esté produciendo, ni que esté causado por los seres humanos, pero sí que se pueda hacer algo al respecto. Este último grupo es igual de peligroso en sus efectos, porque conduce a la inacción. ¿Para qué hacer nada, si el cambio climático no existe? ¿Para qué hacerlo, si no tenemos la culpa? ¿Para qué hacerlo... si no podemos, en realidad, hacer nada ya?[21].

Por supuesto, algunos de estos discursos no son necesariamente fruto de un plan. A veces, simplemente, los sentimientos son demasiado abrumadores y nos llevan a discursos que tienen el efecto no deseado de frustrarnos aún más. De hecho, ya hay varios estudios sobre la importancia de las emociones en relación con la crisis climática, no solo porque estas nos afectan profundamente, sino también porque parece que estas pueden ser un factor importante a la hora de movilizar o desmovilizar a las personas.

Por ejemplo, se ha encontrado que la falta de acción (política, por ejemplo) es uno de los aspectos de la crisis que más reacción generan, en forma de frustración e ira. Hay personas que están dispuestas a realizar cambios a nivel individual, pero perciben que estos pueden no ser suficientes, por lo que se desmoralizan. Además, la percepción de la inacción en otras personas nos puede llevar a criticar sus hábitos; incluso aunque esta crítica nazca de una buena intención, si estos comentarios son percibidos como una humillación a la propia identidad, puede ser realmente contraproducente y no motivar un cambio[22]. Saber más sobre estos temas nos puede sin duda ayudar a abordar la lucha climática.

Por otra parte, no está claro qué emociones son las que resultan más movilizadoras. Un estudio remarcaba que se ha encontrado un vínculo entre enfado y acción que es siete veces más potente que el que despiertan otras emociones, pero esta conexión no está tan clara, entre otras cosas, porque el estudio trabaja con autopercepciones[23]. Como comentábamos, la rabia y el enfado pueden ser también desmovilizadoras si creemos que no podemos cambiar las cosas. Creo que, aunque no forma parte del titular ni es el detalle del que la gente se ha hecho eco (quizás por ser menos espectacular), lo más interesante está en otro estudio que ha encontrado conexiones entre la esperanza y la acción. Sin embargo, no se trataría de que la esperanza lleve a la acción, sino al contrario: actuamos y, al ver los efectos de nuestras acciones, nos llenamos de esperanza.

Desde mi punto de vista, lo que nos hacen falta son datos, pero no aislados y presentados de forma machacona como indicios del fin del mundo. Necesitamos saber qué está ocurriendo y, al tiempo, qué podemos hacer al respecto. El análisis de la realidad no es suficiente. Los telediarios son un gran ejemplo de lo que no se debe hacer: una combinación de imagen, sonido y texto de la que solo nos queda al acabar una sensación amarga. Necesitamos ideas originales y hacer que todo sume; creo que frases como «para qué voy a usar pajitas de papel si luego Messi usa un Boeing 737 como jet privado» son contraproducentes. La pajita de plástico que usas se va a sumar al CO_2 emitido, una acción no anula la otra y es muy probable que esa pajita acabe incinerada, en un vertedero o en el mar, cosa que es en sí misma deseable evitar. También creo que debemos fragmentar nuestra percepción del problema y de cómo deben ser nuestras luchas, puesto que, aunque la crisis climática es un problema global, enfrentarnos a él como un todo puede resultar paralizante.

Pero, sobre todo, creo que la solución se debe enfocar desde lo colectivo. Si decides dejar de coger el avión para hacer un trayecto que se puede realizar en tren, el planeta se habrá ahorrado algunas emisiones; y es probable que se lo cuentes a otras personas y las convenzas. Pero si nos unimos en una campaña de boicot a las aerolíneas que realizan ese trayecto y exigimos a la vez que se prohíban ese tipo de rutas en desplazamientos cortos, el impacto puede ser mucho mayor.

Así pues, ¿qué podemos hacer para contribuir a la lucha contra el cambio climático? Simplificando, podríamos decir que el cambio pasa por reducir drásticamente las emisiones de CO_2 y de otros gases de efecto invernadero (GEI). Aterrizando esta idea, una primera estrategia puede ser recopilar casos de éxito; a menudo sentimos que no se está haciendo nada, pero esto no es así, y los ejemplos pueden servir de inspiración para nuevas acciones. Como dice Rebecca Solnit[24], a menudo es difícil detectar los triunfos porque se trata de proyectos que se paralizaron exitosamente: minas de carbón, proyectos de *fracking*, etc.

Armarnos de creatividad es otra posible línea de trabajo. Que una estrategia parezca no funcionar no quiere decir que no funcione (por ejemplo, la Universidad de Harvard anunció su intención de no invertir en combustibles fósiles tras 10 años de campaña)[25]. Sin embargo, siempre es bueno explorar nuevas líneas de acción. Por ejemplo, movimientos como Rebelión o Extinción y Futuro Vegetal están tirando pintura contra yates, jets privados y coches de lujo de los ricos para señalarles directamente. En 2022, el colectivo Just Stop Oil tiraba el contenido de una lata de sopa contra el cuadro de *Los Girasoles* de Van Gogh para llamar la atención del gobierno británico y exigir que se dejara de invertir en gas y petróleo. Por supuesto, se puede debatir sobre la efectividad de este tipo de acciones (como sobre cualquier otra) pero llama poderosamente la atención que los medios generalistas hablen de terrorismo o atentado para referirse a estos actos sin ningún tipo de consecuencias (el cuadro no resultó dañado y la pintura no inutiliza un medio de transporte) pero no para hacer referencia a los hechos sobre los que se intenta llamar la atención.

También se puede explorar la acción directa contra proyectos e infraestructuras, en cuyo sentido no puedo dejar de recomendar la lectura de *Cómo dinamitar un oleoducto*, de Andreas Malm[26]. Otras vías que se pueden explorar[27]: las campañas de boicot y desinversiones; las iniciativas legislativas populares; las acciones legales colectivas; las campañas de presión sobre los discursos públicos (por ejemplo, presionar para que se prohíba la publicidad de combustibles fósiles); la presión sobre las instituciones para rechazar patrocinadores de empresas altamente contaminantes; la presión al sector bancario, responsable de financiar también proyectos altamente nocivos; o atacar a las empresas entorpeciendo sus procesos de selección (por ejemplo, expulsando de las universidades y las ferias a su personal de recursos humanos).

Las posibilidades son realmente infinitas. Todo empieza por unirnos e imaginar colectivamente.

¿ANTROPOCENO O CAPITALOCENO?

Los fenómenos de los que venimos hablando no pueden ser considerados simples cambios coyunturales en la climatología terrestre. Como mencionábamos en el apartado anterior, existe ya un consenso —si dejamos de lado a los negacionistas de la crisis climática— sobre el origen de los fenómenos extremos que se dan de manera cada vez más frecuente en todo el mundo. Y ese origen sería el propio ser humano, o más bien su actividad. Por tanto, nos situaríamos en una época geológica que recibe el nombre de Antropoceno. Esta era sustituiría a la actual, el Holoceno, que comenzó hace unos diez mil años.

¿Por qué estaríamos hablando, para algunos autores, de una época geológica? Esta época se caracterizaría por una alteración sistemática y global de la naturaleza. Es decir, en gran medida, de sus recursos geológicos. Y es que, en las últimas décadas, se han extraído y transportado toneladas de materiales para la construcción, así como otros recursos. Esta extracción y traslado de materiales caracterizaría por tanto nuestra era geológica. No en vano, Ramón Fernández Durán —que fue activista e investigador y miembro de Ecologistas en Acción— nos habla de procesos destructivos, en lugar de productivos[28]. Para el autor, el capitalismo urbano-agro-industrial sería la principal fuerza geomorfológica del planeta. Para hacernos una idea, estaríamos hablando de que el movimiento de materiales «es más de 1.000 veces superior al que las sociedades humanas impulsaban hace unos 500 años a escala planetaria»[29].

Todo esto ha supuesto una transformación total de muchos paisajes y también la consecuente producción de enormes cantidades de desechos. El problema, además, es que esta destrucción no habría sido posible sin un combustible barato y relativamente fácil de obtener. Los llamados combustibles fósiles son responsables de una gran cantidad de las emisiones de CO_2 y otros gases de efecto invernadero. Y los efectos, como ya hemos visto, han sido catastróficos. Además, las consecuencias no acaban ahí. El Antropoceno está asociado también, por desgracia, con la sexta extinción masiva, la única de origen humano.

Pero, para algunos investigadores, estas transformaciones no serían suficientes para hablar de una época geológica. Para validarla, habría que encontrar un estratotipo, esto es, una huella geológica que se pueda localizar en todo el planeta con la misma fecha y defina ese salto en el tiempo[30]. El investigador Alejandro Cearreta, del Grupo de Trabajo del Antropoceno[31], ha estudiado precisamente esta idea. En concreto, se exploraba la existencia de isótopos radioactivos procedentes de la II Guerra Mundial como posible marcador de esta nueva era[32]. No obstante, en marzo de 2024 el comité de expertos[33] encargado de decidir sobre la existencia del Antropoceno como era geológica votó mayoritariamente en contra[34]. En cualquier caso, el concepto sigue siendo útil para el análisis sociológico, aunque no lo sea desde el punto de vista de la geología.

Dicho todo esto, el concepto de Antropoceno puede parecer, no obstante, algo injusto. ¿Acaso son todas las personas, en todas las épocas y lugares, igualmente responsables? De ahí que cada vez más voces se inclinen por denominar a este periodo Capitaloceno, señalando directamente a un sistema que no conoce límites en su afán de crecimiento y a un puñado de personas que son las que mueven ese mundo.

UN PLANETA FINITO

La posibilidad del crecimiento ilimitado es uno de los mayores mitos que nos ha colado el capitalismo. Tras la euforia desarrollista que comenzó a finales del siglo pasado, hoy sabemos que esta idea choca con los propios límites de la biosfera, es decir, con el hecho de que no puedes crecer eternamente en un planeta de recursos finitos. Como dice Yayo Herrero[35], vamos «a tener que aprender a vivir conectados a otra materialidad de la tierra». Encontrar otras formas de relacionarnos con el mundo. No es posible seguir como hasta ahora.

El problema es que el crecimiento perpetuo es intrínseco al capitalismo. Por tanto, si queremos dejar de crecer como venimos haciéndolo hasta ahora —lo cual parece sensato a la luz de los datos que venimos viendo—, podría parecer que la única solución es acabar con el capitalismo. Ahí es nada. Sin embargo, creo que es importante no desanimarse ante un logro que puede parecer inalcanzable. Todo cambio cuenta.

En cualquier caso, no parece haber un acuerdo sobre en qué medida vamos a toparnos pronto con los límites de la tierra ni en cuanto a qué vía es mejor tomar. Esto ha dado lugar a un debate candente en España entre partidarios del Green New Deal y decrecentistas[i]. Sin intención de simplificar un debate que considero enormemente complejo, sí que me parece interesante rescatar una idea en la línea de los argumentos del filósofo y ecologista Jorge Riechmann[36]: si bien es imposible adivinar la evolución de los sistemas complejos, a la luz de los datos que tenemos parece sensato actuar como si los límites materiales fueran de hecho a alcanzarse, tomando la vía del decrecimiento e incluso equipándonos con una cierta dosis de *catastrofismo*, si se quiere, que nos empuje a cambiar las cosas y no confiar excesivamente en la promesa de soluciones que tal vez no lleguen.

Cada año llega la noticia: hemos agotado los recursos disponibles para todo el año. Es lo que se conoce como Día de la Sobrecapacidad de la Tierra (*Earth Overshoot Day*), de acuerdo con cálculos de la organización Global Footprint Network, y marca el día en que la humanidad ha consumido más recursos y *servicios* ecológicos —es decir, también estamos acumulando desechos, como el CO_2— de los que la Tierra puede generar[37]. Este fenómeno comienza a finales de 1980[38] y, desde entonces, la fecha se produce cada vez antes (en 2023 ocurría el 2 de agosto), lo que quiere decir que estamos haciendo un uso exponencial de los recursos, en lugar de decrecer como deberíamos estar haciendo.

¿Y qué quiere decir exactamente que hemos consumido *más recursos de los que la Tierra puede generar*? A día de hoy, estaríamos hablando de que la Tierra tardaría 1,3 años en reponer lo que hemos extraído de ella en un año. Estos cálculos incluirían tierra productiva y océanos[39]. No

---

i   Para seguir este debate se pueden leer, por ejemplo, los artículos de Jorge Riechmann, *Unas pocas observaciones sobre "colapsismo"*, y Emilio Santiago Muiño, *No tenemos derecho al colapsismo*.

obstante, existen recursos, como el petróleo, que requieren de espacios temporales vastísimos para reponerse.

Como iremos viendo, en lo que respecta al tema que nos ocupa en última instancia —el agua—, la sobreexplotación de los recursos hídricos, especialmente los acuíferos, puede llegar a suponer su agotamiento. Es decir, si la extracción de agua se produce a una velocidad mayor a la que el acuífero tarda en recargarse (por falta de lluvias, por ejemplo, o simplemente por un ritmo de explotación superior al que el acuífero puede soportar) este puede quedar inutilizado (secado completamente o salinizado). Y la explotación comercial suele llevar a eso.

CAPITALISMO VERDE Y GREENWASHING

Empresariado y accionistas no van a sumarse sin más al carro del decrecimiento. *Lo que quieren son más carros.* Sin embargo, no se les escapa que las personas están cada vez más preocupadas por la trazabilidad de los productos, por el impacto de su consumo y por las alarmantes noticias que nos llegan sobre la crisis climática.

Precisamente, una de las razones del éxito del capitalismo ha sido ser capaz de neutralizar las amenazas. Si no puedes con el enemigo, fagocítalo. Desde las camisetas del Che Guevara a las que llevan mensajes feministas, pasando por la mercantilización del Orgullo[40], las reivindicaciones se convierten a menudo en nuevos nichos de mercado para seguir creciendo.

Porque, además, se les da de vicio externalizar los costes. Por ejemplo, cada vez es más frecuente ver en las grandes cadenas de ropa líneas de *ropa sostenible* (que cuidan los materiales, tintes o la mano de obra) en mitad de las tiendas, evidenciando que el resto de sus productos no lo son. Y es que es el propio modelo de negocio lo que no es sostenible: colecciones que se renuevan cada pocas semanas, *stocks* enormes que acaban en vertederos[41] y materiales a menudo de mala calidad, lo que, unido a la espiral consumista en que vivimos, nos lleva a comprar ropa con una frecuencia alarmante. Sin obviar que los carteles de «Colección sostenible» parecen un dedo acusador orientado a quienes compran (tienes la opción de hacer un consumo responsable, pero no lo haces) en lugar de a quienes crean esos productos, que, además, se enriquecen por el camino, pues suelen ser artículos más caros.

Así, el capitalismo está encontrando también solución al problema que le supone la creciente conciencia ecológica a través del lavado de imagen verde (*greenwashing*). El pasado noviembre de 2022, la multinacional Coca-Cola patrocinaba la COP27, la Conferencia de las Naciones Unidas sobre el Cambio Climático. Al mismo tiempo, Greenpeace señalaba la paradoja de que el evento fuera patrocinado por el mayor contaminante con plásticos del mundo[42].

Una de las formas tradicionales de poner límites a los hábitos depredadores de recursos consiste en gravar las emisiones o los desechos, lo que permite en la práctica que quienes puedan pagarlo tengan barra libre en la destrucción del planeta. Algo similar ocurre con los llamados créditos de carbono, una fórmula que pretende compensar las emisiones de CO_2 de la industria de los combustibles fósiles —por ejemplo, reforestando—, pero que, según los expertos, no tiene un impacto real y solo sirve para calmar conciencias[43]. El enfoque es tremendamente cortoplacista. Y, aunque definitivamente necesitamos actuar de forma rápida, también necesitamos evaluar los impactos de las políticas a largo plazo.

Por eso empiezan a surgir alternativas, como por ejemplo la propuesta desde la Economía del Bien Común; se trata de un proceso de evaluación que se basa en seis principios: equidad, trabajo digno, cooperación, sostenibilidad ecológica, reparto justo de la riqueza y compromiso con el entorno[44]. Así, «el balance del bien común se convierte en el balance principal de todas las empresas. Las empresas con buenos balances del bien común disfrutarán de ventajas legales: tasas de impuestos reducidas, aranceles ventajosos, créditos baratos, prioridad en la compra pública, cooperación con universidades públicas, ayudas directas, etc. En consecuencia, los productos éticos serán más baratos, en vez de más caros como actualmente, en que el actor más insolidario es el que consigue bajar más sus costes y así obtener más margen de beneficio». Para mí, lo más reseñable de la propuesta es que se le da la vuelta a la tortilla para dejar de castigar a quienes lo hacen mal y empezar a premiar las prácticas positivas. De lo contrario, quien tenga dinero seguirá pudiendo permitirse traspasar unos límites que afectan al conjunto del planeta.

Desgraciadamente, habrá que seguir limitando también los *outputs* mientras el lucro económico sea el motor del mundo. Los empresarios no van a decidirse por alternativas más sostenibles a menos que eso les reporte un beneficio mayor. Pero el problema, como veíamos en el apartado anterior, es que existe un límite a las externalizaciones: los propios límites terrestres. Y aunque ya podemos hablar de basura espacial, parece que por el momento tendremos que quedarnos con nuestros desechos.

Por ir arrojando algo de luz entre las sombras, quiero añadir algo: en última instancia, el capitalismo no es la verdad. Aunque a veces pueda parecer imposible, debemos construir una alternativa a este sistema. Veamos a continuación algunas pinceladas de este nuevo mundo.

ECOFEMINISMO

Al hablar del Día de la Sobrecapacidad de la Tierra no puedo evitar pensar en otra fecha clave en nuestro calendario anual: el Día Europeo de la Igualdad Salarial. Este día va cambiando de fecha (afortunadamente) y marca de forma simbólica la brecha salarial. En otras palabras: es el momento del año, alrededor de noviembre, en que las mujeres pasan a trabajar gratis, si comparamos su sueldo con el de sus compañeros en puestos similares. La fecha se ha ido retrasando y, en España, se situaba en 2022 el 28 de noviembre, lo que supone una brecha salarial del 9,4%, es decir, que las mujeres trabajaron gratis 34 días ese año. Este dato está por debajo de la media europea (del 13%) y ha estado estancado los últimos 4 años[45].

Esta es solo la cara más visible. Por ejemplo, según datos del INE[46], en 2016 las mujeres dedicaban en España unas 14 horas más a la semana que los hombres al cuidado o educación de los hijos. La diferencia en el tiempo dedicado a cocinar o hacer labores domésticas era de 9 horas. En total, unas 34 horas semanales más si sumamos todas las tareas valoradas. Según un estudio realizado tras la pandemia, las mujeres siguen dedicando de media 15 horas semanales más que los hombres a las tareas del hogar y el cuidado de las criaturas[47], si bien el dato es alentador. Estos datos son solo una pequeña muestra del peso que las mujeres cargan a sus espaldas, que no es visibilizado ni valorado. Y eso, teniendo en cuenta que son datos de España, que como hemos visto es un país más igualitario que la media, al menos en términos de brecha salarial.

Por lo tanto, cabría preguntarse, ¿podemos seguir permitiéndonos el capitalismo? Es evidente que el sistema no se sostendría si no fuera por el trabajo infravalorado de tantas personas. El movimiento de la Gran Renuncia[48], así como la situación de la hostelería en el verano de 2023 en el Estado español[II] son claros indicadores del hartazgo generalizado. Del mismo modo que cada vez más personas señalan que un negocio no es viable si no puede permitirse dar condiciones dignas a su plantilla, debemos plantarnos ante la idea de que el capitalismo no es viable si depende (entre otras) de la explotación de las mujeres y de la Tierra.

El reto es gigantesco, pero ya tenemos unas pistas de hacia dónde debemos ir. Y es que, como dijo el teórico marxista Fredric Jameson, y muchas otras personas tras él: «Es más fácil imaginar el fin del mundo que el fin del capitalismo». Por ello, creo que el primer paso, antes incluso de pensar en las estrategias, es dotarnos de herramientas que nos permitan construir alternativas en nuestra imaginación. Pensar no solo en lo que no queremos, sino en lo que sí deseamos. Autores como el filósofo y experto en pensamiento utópico Francisco Martorell Campos están haciendo mucho hincapié en la necesidad de volver a abonar el terreno de las utopías. Porque, aunque estas han sido denostadas por ser irrealizables, como afirma Martorell: «Las ideas utópicas a veces se cumplen». Lo que es muy difícil es que lleguen a cumplirse si no las imaginamos previamente, pues las inercias nos llevan claramente en otra dirección.

En palabras de María Novo, «la esperanza no es optimismo simplificador. Es confianza en la fuerza de la vida y en nuestras propias fuerzas para reinventar este horizonte que hoy está quebrado»[49]. Desprendernos de la idea de que todos los futuros posibles son peores. Recuperar la esperanza.

Una línea de trabajo fructífera en este sentido puede ser transformar la educación. Esta es sin duda un primer filtro a la hora de percibir el mundo. Y marca, a su vez, los lími-

---

II   Esta temporada supuso un punto de inflexión en el sector, ya que los negocios tienen cada vez más complicado encontrar gente dispuesta a trabajar con las condiciones que ofrecen.

tes de lo real. La educación formal sigue atravesada en gran medida por la concepción del mundo que arranca en la Modernidad[50]. En ese periodo nacen las ideas de progreso que nos invitan a vivir de espaldas a la naturaleza, a subyugarla. Sin embargo, sabemos que somos profundamente ecodependientes. Es más, somos parte de la naturaleza. Por tanto, debemos respetar los ciclos naturales, dando tiempo a los ecosistemas a recuperarse si queremos seguir empleando sus recursos. La educación debe reflejar este cambio de paradigma[51]. Dar herramientas a las nuevas generaciones para hacer frente a una realidad en la que el cambio será la norma y que deberá estar marcada por el decrecimiento, al contrario de lo que hemos vivido hasta ahora.

Y es que la cuestión no parece ser tanto decrecer o no decrecer, sino de qué manera hacerlo[52]. Como hablábamos unas páginas atrás, el agotamiento de recursos es progresivo y negar esa realidad nos acabaría abocando a un decrecimiento más injusto, especialmente con los sectores de la población menos privilegiados en términos materiales. Pero, ¿quién quiere vivir con menos? ¿Cómo abordamos esa necesaria desmaterialización de nuestros deseos? Como afirma Yayo Herrero, es importante plantear las preguntas de forma adecuada: «Si uno preguntara: ¿Tú querrías vivir con menos? Inmediatamente va a decir que no. Pero le dices: ¿Tú vivirías con menos con tal de que tus hijos e hijas puedan vivir en un mundo en el que no tengan miedo? ¿Vivirías con menos para que toda la población del planeta pueda tener lo necesario? ¿Vivirías con menos para que otras personas que viven con muy poco puedan vivir con más? A lo mejor sí que nos encontramos con otras respuestas distintas»[53].

No es justo asumir que la gente va a escoger siempre de forma egoísta o cortoplacista. El ejemplo de la Asamblea Ciudadana para el Clima (ACC) [54] celebrada en el Estado español[55] nos muestra que, cuando se facilitan la información veraz y los espacios de debate adecuados, las personas consensuan medidas realmente radicales y que tienen en cuenta el largo plazo, como pueden ser la acogida y atención a refugiadas climáticas o la tipificación del ecocidio como delito en el marco jurídico español en casos de daño masivo y de destrucción del ecosistema[56]. El problema de la ACC ha sido, en todo caso, no ser vinculante (se trata de una iniciativa gubernamental), así como haber recibido muy poco apoyo de los medios generalistas, no sus resultados.

Volviendo al asunto de cómo decrecer, me parecen interesantes los análisis que van en la dirección de construir vidas más desligadas de lo material, en las que nos replanteemos nuestra relación con el tiempo y los deseos. Si queremos que la vida siga su curso, tenemos que desligar vida y producción, disfrute y consumo. «Desde luego», diréis, «pero no podemos dejar de trabajar». Pero creo que sí hay margen de acción en muchos casos en cuanto a qué consideramos imprescindible —y hablo en términos sociales, no meramente individuales—, o qué es suficiente.

Necesitamos reaprender a desear y reapropiarnos del tiempo que los hombres grises de *Momo*[III] nos están arrebatando, descubrir cuáles son los ladrones de tiempo de cada cual, como dice María Novo[57]. Y estos pueden ser no solo el trabajo, sino también las redes sociales o relaciones que mantenemos por obligación. A veces, la transformación de los deseos puede no suponer grandes saltos, sino pequeños retornos: «Quiero tener tiempo, aparte de para jugar al Zelda como un auténtico adicto a pegar palos con tablas, para amar, para querer más y mejor a las personas a las que quiero»[58]. ¿Cómo podemos encontrarnos tan a

---

III   *Momo* es una novela de Michael Ende que trata sobre la concepción del tiempo en las sociedades modernas. Los hombres grises son unos personajes que venden al resto la idea de que deben ahorrar tiempo; pero al prescindir de las actividades que son supuestamente una pérdida de tiempo, la vida se va volviendo más y más gris.

menudo con un nivel tal de agotamiento que nos impida, incluso, querer bien? En algunos casos no es necesario pensar en dejar de consumir sino en hacerlo de otra forma; las cosotecas, o bibliotecas de cosas, son espacios en los que se pueden tomar prestados objetos durante un tiempo, devolviéndolos cuando ya no los necesitemos. ¿Cuántas veces usas el taladro a lo largo del año? El maravilloso proyecto de La Escalera[59] apuntaba también en esa dirección, añadiendo la dimensión comunitaria. Y es que no podemos hacer esto de manera aislada. El cambio de paradigma pasará, también, por replantearnos los usos del agua —cuánta consumimos y para qué—, como veremos en los capítulos siguientes. Estamos ante una batalla, en gran medida, entre el dinero y la vida. Es urgente crear un marco en el que sea inadmisible anteponer lo primero.

EXTRACTIVISMO, NEOCOLONIALISMO Y SOLIDARIDAD INTERTERRITORIAL

Como comentábamos en el apartado sobre *greenwashing*, el capitalismo tiende a externalizar los costes para maximizar sus beneficios. Así, nos encontramos con cuestiones incomprensibles como las exenciones fiscales a la aviación, que provocan que, en Europa, las empresas no paguen impuestos por el combustible que emplean, lo que supone a los Estados dejar de recaudar millones de euros cada año[60]. Y eso, en uno de los sectores con mayores emisiones de CO_2.

Esta externalización se produce, no obstante, de forma mayoritaria desde los países occidentales hacia los países del sur global. Es ahí donde entra en juego el extractivismo, que podemos definir como «un tipo de apropiación de recursos naturales en grandes volúmenes y/o de alta intensidad, donde la mitad de ellos o más son exportados como materias primas, sin procesamiento industrial o con procesamientos limitados[61]». Así, desde Occidente habríamos convertido estos países en nuestra gran cantera a cambio de migajas, privatizando sus recursos naturales con la promesa de acceder a un mayor *desarrollo* y poder hacer frente a la deuda. De acuerdo con el docente e investigador Horacio Machado Aráoz: «Ser proveedores de materias primas obedece a un patrón de división internacional del trabajo heredado de la época colonial. El extractivismo es un rasgo estructural del capitalismo como sistema de acumulación mundial. Para que se produzca esa acumulación es necesario que haya zonas de sacrificio, coloniales, que provean los subsidios ecológicos de ese consumo desigual del mundo»[62]. Ni todas las gentes ni todos los territorios tienen la misma responsabilidad en la crisis climática y el expolio capitalista.

Por su parte, la física y filósofa ecofeminista india Vandana Shiva hace un completo análisis de este proceso de privatización y apropiación en el caso del agua, particularmente en la India, señalando como culpables al Banco Mundial (BM) y el Fondo Monetario Internacional (FMI). Las consecuencias han sido, por un lado, el enriquecimiento de constructores, industria y grandes empresarios, y por otro, una menor disponibilidad de recursos hídricos y mayor centralización del control sobre estos, lo que ha afectado gravemente a la población local[63].

El riesgo en el actual contexto de crisis climática y de recursos, como señala Jorge Riechmann, es caer en la tentación de continuar en la senda de la externalización, optando por seguir como hasta ahora o apostando por tecnologías *verdes* que requieren para su fabricación de una gran cantidad de materiales que deberán saquearse en una nueva ola de colonialismo. Y esto, para seguir empeñándonos en un crecimiento que tendrá graves consecuencias en términos climáticos y de biodiversidad, como ya veíamos en apartados anteriores[64].

Frente a esta perspectiva, se impone un enfoque que proteja los territorios, su biodiversidad y sus recursos, apostando por la soberanía alimentaria y energética. Pero también que crea en la solidaridad interterritorial frente al sálvese quien pueda. En esta dirección, el mes de agosto de 2023 recibíamos la noticia de que Ecuador había votado, con casi un 60% de apoyo, detener la explotación petrolera del Parque Nacional Yasuní, una zona enormemente rica en biodiversidad[65]. Lamentablemente, a los pocos días el gobierno anunciaba que desoía por el momento la decisión, escudándose en la constitución. Concretamente, se ampara en el artículo 57, que señala que «los que tienen que decidir si se inicia o termina una operación de explotación de recursos naturales son los habitantes del territorio»; el territorio en el que se sitúa la explotación habría votado, efectivamente, a favor de la continuidad del proyecto[66]. Esperemos que la voluntad mayoritaria del pueblo sea respetada.

SOLIDARIDAD INTERGENERACIONAL

Hasta ahora, hemos analizado las consecuencias del sistema capitalista y su lógica del crecimiento continuo desde varios ángulos: el del planeta y los seres que habitan en él; las mujeres y la carga invisibilizada que asumen; los países del sur global y el neocolonialismo que sostiene su explotación.

Ahora pondremos la vista un poco más allá, en las personas que aún no habitan nuestro planeta. El reto es acabar con una concepción fundamentalmente cortoplacista del mundo, que justifica tomar lo que se *necesita* ahora —y un poco más—. Resulta irónico que un sistema basado en el desarrollo sea incapaz de ver sus propios límites, pero no sorprende que, igual que las élites se centran en sí mismas ignorando a las personas que tienen que oprimir por el camino, primen el aquí y el ahora frente a una preocupación por las generaciones venideras.

Movimientos como Fridays for Future están tratando de desplazar el foco hacia delante, reclamando medidas contra la crisis climática para que no paguen en el futuro las consecuencias de nuestras acciones de hoy; concretamente, exigen no superar el grado y medio de aumento de la temperatura frente a niveles preindustriales. «Nos manifestamos porque nos preocupan nuestro planeta y las demás personas. Tenemos esperanza en que la humanidad puede cambiar, evitar los peores desastres climáticos y construir un futuro mejor[67]», afirman en su web. En el Estado español el colectivo es conocido como Juventud Por El Clima[68] y se definen como un movimiento juvenil por la defensa de nuestro planeta que lucha por la justicia climática sin dejar a nadie atrás[69].

Aunque miremos hacia el futuro, por supuesto, no hay que perder de vista el presente. Y es que el problema ya está aquí, como afirma el ambientólogo y divulgador Andreu Escrivà[70], y «desplazando el problema al futuro [...] desplazamos también las soluciones, y así las generaciones presentes nos lavamos las manos. Si pensamos que esto no va con nosotros, ¿para qué hacer nada?».

EL AGUA COMO MERCANCÍA

Empecemos a dirigir el foco hacia nuestro tema central. El agua es un elemento esencial para la vida. Es imprescindible para procesos básicos como hidratarnos, mantener la higiene y cultivar alimentos, así como para mantener el equilibrio de los ecosistemas. Se emplea también en la mayoría de los procesos de fabricación o la generación de energía.

Dicho esto, no es de extrañar que muchas culturas veneren el agua. Por ejemplo, como se cuenta en el libro *Nuestra historia es el futuro*, de Nick Estes[71], la oposición al oleoducto Dakota Access Pipeline supuso a su vez la protección del Mni Sose (el río Misuri), fuente de abastecimiento de la reserva india de Standing Rock[IV]. La relación de los lakota con el agua va más allá de entender el agua como un recurso, pues la consideran un pariente más. Así, el Mni Sose es un pariente no humano. «No tiene dueño, así que no puede ser vendido ni alienado como una propiedad (¿cómo se vende a un pariente?). Y proteger a los parientes forma parte de la materialización del parentesco y de ser un buen pariente (o *wotakuye*), también si la amenaza frente a la que hay que protegerlos es la contaminación por las fugas de un oleoducto; o sea, la muerte». *Mni wiconi*. El agua es vida.

En las sociedades del norte global nos hemos ido alejando progresivamente de la naturaleza. En especial, en las ciudades alejadas del campo. Abrimos el grifo y el agua fluye. La damos por supuesta —aunque cada vez menos, por culpa de la contaminación y las sequías—. Desconocemos de dónde vienen los alimentos que consumimos, no sabemos sobre plantas, pájaros o rocas. Por supuesto, sería imposible saber de todo, y la división del trabajo nos permite dedicarnos a una tarea o varias sin tener que hacer tantas otras. Pero lo que subyace es una desconexión brutal con respecto a un mundo que hemos pretendido dominar, olvidando que en realidad somos parte de ese mundo. Creo que ese alejamiento ha abierto las puertas a que las lógicas capitalistas conquisten rincones en los que jamás deberían haber entrado.

El agua no fue reconocida como derecho humano por la Asamblea General de las Naciones Unidas hasta julio de

---

IV   Para más información sobre el conflicto entorno a Standing Rock se recomienda leer «Standing Rock: los guardianes del agua contra la serpiente negra», de la editorial Descontrol.

2010. Junto con ella se declaró el derecho al saneamiento. Algunos datos para entender lo que está en juego: en 2022, 2.200 millones de personas carecían de agua potable gestionada de forma segura, lo que implica deshidratación y enfermedades. Además, se estima que la escasez de agua podría suponer el desplazamiento de unos 700 millones de personas hasta el año 2030[72]. Ante esta situación, la Asamblea reconoció el derecho de todos los seres humanos a[73]:

- tener acceso a una cantidad de agua suficiente para el uso doméstico y personal (entre 50 y 100 litros de agua por persona y día);
- que el agua sea segura, aceptable y asequible (el coste del agua no debería superar el 3% de los ingresos del hogar);
- que sea accesible físicamente (la fuente debe estar a menos de 1000 metros del hogar y su recogida no debería superar los 30 minutos).

Sin embargo, este derecho choca, cada vez más, con el creciente interés por convertir el agua en una mercancía y obtener de ella un beneficio puramente económico. Nos hemos acostumbrado a que todo sea susceptible de ser comprado y vendido. La cuestión es que el agua es un bien muy particular porque, además de ser imprescindible, no tiene sustituto posible. Podemos desplazarnos de diferentes maneras (a pie, en bicicleta, en vehículos a motor) e incluso podemos obtener alimentos de diferentes fuentes. Pero sin agua, sencillamente, no hay vida. (Dicho lo cual, considero igualmente que todas las personas deberían tener acceso a una vivienda digna, alimento, ropa o energía al margen de las lógicas del mercado).

Como veremos más adelante cuando hablemos de las redes de distribución de agua potable, se suele considerar que el mercado es la forma más eficiente de gestionar los bienes escasos. Otra cosa es qué se entiende por eficiente. ¿Es eficiente garantizar que unos no tengan más que otros simplemente porque puedan pagarlo? ¿Lo es asegurar el suministro de un pueblo si eso supone que una empresa no podrá ganar más y más por explotar ese recurso? Como dice Vandana Shiva, «el mercado es ciego a los límites ecológicos establecidos por el ciclo del agua, así como a los límites económicos marcados por la pobreza»[74]. El agua debe quedar, de una vez por todas, fuera de las lógicas del mercado.

Sin embargo, en el año 2020 el agua cotizó por primera vez en bolsa. Una noticia nefasta, porque abre aún más las puertas a la especulación. De acuerdo con Pedro Arrojo-Agudo, Relator Especial de la ONU sobre los derechos humanos al agua potable y el saneamiento, «el agua tiene un conjunto de valores vitales para nuestra sociedad que la lógica del mercado no reconoce y, por tanto, no puede gestionar adecuadamente, y mucho menos en un espacio financiero tan propenso a la especulación»[75] .

El derecho a la propiedad privada se impone, una vez más, a los derechos más básicos. La propiedad privada es uno de los mayores tótems de nuestra sociedad, con un estatus casi divino. ¿Cómo puede ser que un interés particular esté por encima del derecho de tantas y tantas personas? Como leía en Twitter, nos han hecho creer que los valores de la izquierda son *radicales* cuando el grueso de las reivindicaciones no son más que referencias a los derechos humanos (y ecológicos y de los animales) más básicos.

A menudo, la lógica de la derecha, basada más en oponer que en proponer, convierte cosas como fomentar el uso de la bicicleta para disfrutar de un aire más limpio en feudo de la izquierda. Pero, ¿acaso no desea todo el mundo respirar aire limpio? Desde luego, debería, a la luz de los datos sobre muertes prematuras en menores a causa de la mala calidad del aire en Europa[76]. Además, nos encontramos ante un problema global. Es ingenuo pensar que *aquí no estamos tan mal* porque, desgraciadamente, ni la naturaleza ni la atmósfera funcionan así. Los problemas de contaminación de un punto concreto tienden a ser, a largo plazo, problema de todas.

Como muestra tenemos un estudio realizado en Francia, que encontró cesio y berilio en el polvo en suspensión que atravesó Europa en 2021; estos elementos, presentes en cantidades que no son nocivas para la salud, proceden de los ensayos nucleares realizados por Francia en el desierto de Argelia en los años 60. Asimismo, el Laboratorio de Física Médica y Radioactividad Ambiental de la Universidad de La Laguna de Tenerife encontró restos radiactivos de los accidentes de Chernóbil y Fukushima, en niveles que no suponen un peligro para la vida[77]. Esta misma interconexión se da en el agua.

Como sociedad, nos urge cambiar nuestra relación con la propiedad privada. Porque los problemas de escasez de agua se están acelerando, y no solo por la crisis climática y la mayor incidencia de las sequías, sino también por una mala gestión del agua y un desafortunado reparto de este bien, así como la creciente contaminación de los recursos hídricos, como iremos viendo en las siguientes páginas.

CAPÍTULO 2

No es falta de lluvias, es lucha de clases

Si se deja la gestión de esta crisis ecosocial
a la lógica del mercado, quien tiene, paga.

Yayo Herrero

DE LA DEPREDACIÓN A LA HUIDA

Los ricos consumen más, contaminan más y hasta reciben más ayudas[78]. Aunque vivimos en el mismo mundo, su realidad es en casi todos los sentidos paralela a la nuestra. Y así, ante una situación de crisis climática, escasez de agua o algún otro tipo de evento catastrófico, dos escenarios antagónicos emergen. Mientras el común de los mortales se plantea buscar alternativas, decrecer o —en última y desesperada instancia— huir de su tierra hacia lugares que ansía que sean más propicios, los superricos juegan en otra liga.

Su primer impulso es depredar los recursos. Ya sea una mina, un acuífero o unas tierras de cultivo, no es raro que una empresa se aproveche de un recurso hasta esquilmarlo. Una vez agotado, se desplaza a otro lugar. Pero ¿qué hacer cuando has acabado con todo? Entonces, la situación cambia: se debaten entre enterrarse bajo tierra en búnkeres de lujo o huir, sí, pero directamente del planeta, rumbo a Marte.

Corey Doctorow explora la opción del búnker en su relato "La máscara de la muerte roja", del libro *Radicalizado*[79].

Creedme: no sale bien. Pero no es (solo) ficción. Empresas como Vivos Global Shelter Network[80] ya ofrecen un hueco en sus refugios desde el módico precio de 35.000 dólares (¡y con descuentos si tienes alguna habilidad clave!); eso sí, en un búnker compartido con 80 personas. Por su parte, los conocidos como *preppers*[81] (preparacionistas) conforman un movimiento de personas que buscan ser autosuficientes ante situaciones de emergencia, adquiriendo habilidades de supervivencia o haciendo acopio de recursos. Un sálvese quien pueda en toda regla.

En cuanto a la huida planetaria, en palabras de Elon Musk (para quien no tenga el placer de conocerle, es un ricachón, director general de Tesla y de la empresa aeroespacial SpaceX, y es famoso también por haber adquirido Twitter): «La historia se va a bifurcar en dos direcciones. Una opción es quedarnos en la Tierra para siempre, y en algún momento se producirá nuestra extinción. La alternativa es convertirnos en una civilización espacial y una especie multiplanetaria, que espero que estéis de acuerdo en que es la opción correcta»[82]. Es decir, para Musk la alternativa más viable es... mudarnos de planeta. Como si eso fuera a acabar con los problemas, a borrar mágicamente los errores cometidos[83]. No deja de ser sorprendente que los gurús tecnológicos no conciban las alternativas decrecentistas, pero nos vendan que irse a Marte a vivir en cuevas y plantar patatas es una opción fantástica. ¿No sería mejor, como afirma Yayo Herrero, tratar de vivir como permacultoras en la Tierra, en lugar de vernos obligadas a hacer lo mismo en el subsuelo de otro planeta?[84]. Además, por supuesto, cabe preguntarse para quién estaría disponible esa opción. Teniendo en cuenta que el plan de Musk en 2017 era reducir el coste del viaje a 200.000 dólares[85], la respuesta está clara.

Pero si algo tienen en común estos proyectos de huida de la realidad es el énfasis que ponen en el agua. Las misiones espaciales están muy marcadas por su búsqueda[86], aunque solo sea, en estado sólido, y es también una preocupación en el movimiento preparacionista o la construcción de refugios. Sin agua, no hay supervivencia posible, sea donde sea.

La serie coreana *Mar de la tranquilidad* narra un futuro distópico en el que la fuerte escasez hídrica ha derivado en un estricto sistema de distribución de agua. Podríamos pensar que el reparto se hace de forma equitativa —al fin y al cabo, toda persona tiene las mismas necesidades básicas—, pero en realidad acaba siendo un reflejo del escalafón social que cada cual tenía previamente. De hecho, refuerza esta estratificación, porque tratar de evitar morir de sed deja muy poquito tiempo para todo lo demás.

El resto de la serie se sitúa más en el plano de la fantasía y, aunque podríamos pensar que un sistema de asignación de agua basado en el nivel socioeconómico no podría llegar a darse, lo cierto es que en la práctica ya se está produciendo algo similar, como veremos a lo largo de este capítulo. En otras palabras: el acceso al agua es una cuestión de clase.

Ya apuntábamos en la introducción a que la responsabilidad sobre la crisis climática es desigual y se asocia precisamente al nivel económico. El agua no es una excepción dentro de ese marco de crisis. Y no debemos olvidar que, al fin y al cabo, si leemos este ensayo desde el Estado español nos encontramos, en términos generales, entre la mitad más privilegiada del planeta. No obstante, también dentro del Estado hay diferencias. Explorémoslas.

UN ESCENARIO DE ESCASEZ

El agua posee ese carácter opinable que tiene aquello que es enormemente cercano a nuestras vidas, incluso aunque nunca lo hayamos analizado racional, científicamente, o como se quiera decir. Invita a las creencias más viscerales.

Todo el mundo tiene una opinión sobre los trasvases, sobre las presas, sobre cómo desperdiciamos el agua dejando que llegue a la desembocadura de los ríos. Un «nuestras vidas son los ríos / que van a dar en la mar, / que es el morir»[87], pero sin metáforas. El problema es que las opiniones pueden tener consecuencias, más aún cuando las emite alguien con capacidad de gobierno, y en esa mezcla entre desinformación e intereses políticos nos puede ir la vida.

Por ejemplo, si comparamos las propuestas incluidas en los programas políticos de los principales partidos de cara a las pasadas elecciones del 23 de julio de 2023, vemos que solo Sumar apuesta por ir a la raíz del problema y tratar de reducir el consumo (combatiendo los pozos ilegales o paralizando la construcción de nuevas infraestructuras como megaproyectos urbanísticos o campos de golf)[88], mientras que el resto buscan alternativas que no hacen más que retrasar el problema, en el mejor de los casos. Especialmente alarmante es la posición de Vox, que en su programa electoral para las mencionadas elecciones apuesta por conectar todas las cuencas, acabar con la destrucción de las presas y llevar agua en abundancia a todos los rincones de España. Por una parte, contribuye a la difusión de bulos (como se ha aclarado, no se han destruido más de 250 presas sino azudes obsoletos que ya no tienen función; mantenerlos tiene un grave impacto medioambiental, pues tienen una vida limitada e impactan negativamente en el curso de los ríos[89]). En segundo lugar, ofrece soluciones que los expertos rechazan; si bien es cierto que las presas (y embalses) son necesarias, pues tienen la función de regular el caudal y almacenar agua, la mayoría de sitios donde era apropiado construirlas ya tienen la suya y construir más infraestructuras no implica más cantidad de agua disponible[90].

Y es que, por último, el programa de Vox promete un agua que no existe. España se encuentra entre los treinta países con mayor estrés hídrico. Esto indica que la demanda de agua es mayor que los recursos disponibles. El mal estado de los acuíferos del Estado se relaciona directamente con el estrés hídrico, pues hace que disminuya la cantidad de agua disponible por dos razones: su situación cuantitativa —el 27% de las masas de agua subterránea se encuentra en este estado, sobre todo por extraer agua por encima de la capacidad del ciclo natural del agua de reponerla— o su situación cualitativa, es decir, masas que se encuentran contaminadas por químicos procedentes de la agricultura y la ganadería, o bien por la contaminación salina fruto de la intrusión del agua salada en los acuíferos costeros o la mala gestión de pozos en el interior[91]. En este último caso, los niveles de los acuíferos bajan demasiado y la concentración de ciertas sustancias aumenta, haciendo que sus aguas dejen de ser potables[92]. Es decir: la disponibilidad de agua es escasa y urge reducir su consumo y mejorar su conservación y su gestión, así como no forzar los ciclos naturales, si queremos seguir disponiendo de ella.

Y es que a veces pensamos que la falta de agua disponible es culpa simplemente de la ausencia de lluvias, pero no es así. De hecho, debemos distinguir entre dos fenómenos: la sequía (meteorológica) se produce cuando durante un periodo prolongado hay falta de lluvias; la sequía hidrológica o escasez se da cuando hay falta de disponibilidad de agua para los diferentes usos que hacemos de ella[93]. Así, en algunas ocasiones el regreso de las lluvias puede no ser suficiente para paliar una situación de escasez. El cambio climático es también culpable de agravar el problema: el aumento de las temperaturas produce a su vez un aumento de la evapotranspiración (evaporación del agua desde el suelo y a través de las plantas), disminuyendo las aportaciones a los ríos entre un 15 y un 20% en los últimos 25-30 años para un nivel similar de lluvias, según el ingeniero agrónomo Santiago Martín Barajas[94]. Así, la sobreexplotación de acuíferos lleva a la desaparición de cauces de ríos o lagunas, como hemos visto en Doñana, que dependen más de estas aguas subterráneas que de las precipitaciones.

Por otra parte, la gestión de los recursos hídricos también es importante para el mantenimiento de los ecosistemas. Como veíamos con el caso de Vox, las decisiones políticas tienen consecuencias ecológicas. Como afirma la investigadora Nuria Hernández-Mora, experta en agua: «El agua, cuando circula por los ríos, cumple una serie de funciones que son vitales para tenerla en cantidad y calidad suficiente. Pero no es solo eso, el agua también lleva sedimentos y nutrientes [...] y su llegada al mar es fundamental»[95]. Es necesario, pues, un enfoque holístico que no contraponga las necesidades humanas a las de la naturaleza, como si esto siguiera siendo una batalla por la domesticación del medio, porque ir en contra de nuestro entorno es también ir en nuestra contra y porque la naturaleza también se merece una oportunidad.

LA INEQUIDAD EN EL REPARTO DEL AGUA

En España, como a nivel mundial, el mayor porcentaje de uso de agua es el destinado al riego (en concreto, un 80,5% del total[96]); le siguen el uso doméstico, con un 15,5%, y el industrial, que, al contrario de lo que muchas personas piensan, se lleva solo un 3%. Los demás usos (como regar campos de golf) suponen un 0,5%. Los datos corresponden al año 2021.

En Catalunya, los porcentajes son similares para el año 2019: 72,2% para riego; 1,3% para el sector ganadero; 11,6% para uso doméstico, 8,8% dedicado a industria, comercio y servicios y, por último, un 6,1% dedicado a otros usos[97]. Por no seguir abrumando con porcentajes, solo añadiremos que la situación no es la misma en todo el Estado, pues el régimen de lluvias, el tipo de cultivos y otras cuestiones hacen que, por ejemplo, en la franja norte de la península el porcentaje dedicado a regadío baje hasta el 25%[98].

En cualquier caso, estos números son representativos de la situación en la mayor parte del territorio. Y esto hace que, sin duda, el mayor problema sea el uso agrícola (profundizaremos en las consecuencias de este modelo más adelante). Pero que algunos usos sean minoritarios no los convierte automáticamente en desdeñables. No en vano, la demanda estimada de agua en 2021 fue de 32.000 hm^3/año[99]. Para hacernos una idea, un hectómetro cúbico son mil millones de litros. Cantidades sin duda difíciles de imaginar. Pero, teniendo en mente la situación hídrica a la que nos enfrentamos, cada litro cuenta.

No cabe duda de que existe margen de acción para reducir los consumos en todos los sectores. El problema, desde mi punto de vista, es que se está creando un relato que culpabiliza a las personas en sus prácticas cotidianas mientras quedan sin abordar problemas mucho más graves, ya sea por volumen de agua consumida o por los propósitos a los que esta se dedica. Existen, por decirlo claramente, usos más legítimos que otros. Y así lo recogen, de hecho, nuestras leyes. A nivel de la UE, como afirma Arturo Elosegi, experto en el impacto de las actividades humanas en los ecosistemas fluviales, las prioridades en la utilización del agua son: consumo de agua potable para uso humano, en primer lugar; medioambiental, en segundo; después vendrían la agricultura, la industria y el resto de usos[100]. Es decir, sobre el papel los fines no prioritarios no deberían comprometer las reservas de agua y el futuro del ciclo hidrológico. Sin embargo, esto, lógicamente, no quiere decir que no ocurra.

Así pues, campañas como la de la Junta de Andalucía, que invitan a ducharse en 3 minutos o cerrar el grifo mientras te lavas los dientes[101], son sin duda necesarias. Pero es difícil sostener ese tipo de mensajes, que apelan a moderar el uso doméstico, mientras legalizas regadíos ilegales (cuyo consumo es tremendamente más grande) o sigues construyendo campos de golf (cuyo uso es mucho más prescindible que poner una lavadora) en una región que ya de por sí tiene un enorme estrés hídrico[102]. Además, la realidad es que el porcentaje de consumo de agua para uso doméstico se ha reducido mucho en los últimos años. Por ejemplo, tras la sequía de 2008 en Catalunya, y hasta 2023, el consumo ha disminuido un 20%[103]. Es, de hecho, uno de los más bajos de Europa. El consumo medio de los hogares en España fue de 133 litros por habitante y día en 2022[104], similar a la media europea. Mientras tanto, en Catalunya fue de alrededor de 117 litros por persona en 2023[105] (124 litros en 2022).

Pero todavía hay margen de acción, como vemos reflejado en el hecho de que el consumo de agua es enormemente desigual entre municipios e incluso dentro de los mismos. ¿Y a qué se deben estas diferencias? Pues, fundamentalmente, al nivel económico.

DRINK THE RICH[V]

Poniendo el foco en Catalunya, podemos ver que existen enormes diferencias entre los distintos municipios de la comunidad en cuanto a la cantidad de agua que consumen. Las cifras —obtenidas teniendo en cuenta el número de litros liberados en la red de distribución y la población del municipio[106] y correspondientes a 2021— van desde unos sorprendentes 837 litros por persona y día en Naut Aran hasta los 86 de Badia del Vallès, 10 veces menos[107.] Tras la altísima cifra de Naut Aran se perfila la silueta de la estación de esquí de Baqueira-Beret.

La situación se repite de forma similar en otras localidades. A veces son las piscinas y los jardines; otras, un campo

---

V   Bébete a los ricos.

de golf. Pero todo responde a una misma lógica: el ocio y el turismo (y las segundas residencias) están escalando puestos en el ranking de problemas que añaden un extra de presión a los recursos hídricos. Baqueira, uno de los núcleos de población de Naut Aran, puede llegar a tener 20.000 habitantes en temporada alta, aunque el municipio entero cuenta solo con 2.000 residentes[108]. El verano de 2023 nos dejaba un dato a nivel estatal: dos autonomías tuvieron más turistas que residentes durante el estío; las dudosas privilegiadas son Baleares, con 2.725.725 turistas y 1.218.441 residentes, y Cantabria, que duplicó su población acogiendo a 674.179 turistas, frente a sus 589.765 residentes habituales[109]. Esto tiene impactos más allá del agua y afecta a los precios de la vivienda o la saturación de los servicios públicos, entre otros.

A nivel barcelonés, las diferencias entre zonas también resultan sorprendentes. O, más bien, alarmantes, porque un solo vistazo al mapa de consumo de la ciudad nos dice que, una vez más, quien más tiene más gasta. En 2020, en Sarrià-Sant Gervasi —el distrito más rico de la ciudad— se consumieron 128 litros por habitante y día. En el otro extremo se encuentran Ciutat Vella (98 l) y Nou Barris (93 l), que son, además, los distritos más pobres (en primer y segundo lugar, respectivamente). La media de consumo en Barcelona sería de 106,4 l. Por otra parte, en Nou Barris 6.820 familias estaban adscritas en 2022 a la Tarifa Social[110] (3.993 en Ciutat Vella[111]), frente a las 836 familias de Sarrià. El problema aquí está en que, mientras unos dedican unos cuantos litros a usos prescindibles (porque se lo pueden permitir), hay quien directamente no puede pagar la factura del agua y se ve obligada a recurrir, por ejemplo, a las fuentes públicas, un argumento de peso (si es que hacía falta alguno) para no cortar su suministro en momentos de sequía[112], aunque eso sea solo un parche. Nadie debería verse privado del acceso al agua. Los cortes de suministro en los hogares deberían estar prohibidos en todo el Estado, como lo están en Catalunya para personas en situación de vulnerabilidad gracias a la presión ciudadana[113].

Un estudio realizado a nivel internacional muestra que la situación es similar en todo el mundo[114]. En él se analizan 80 núcleos urbanos (entre los que se encuentra Barcelona) que han experimentado sequías extremas y cortes de agua en las dos primeras décadas del siglo XXI, y se aporta una perspectiva diferente a la habitual porque, además de factores como el crecimiento urbano y el cambio climático, el estudio tiene también en cuenta cómo las crisis del agua afectan de forma distinta a las personas con más poder y a las más vulnerables. Además, analiza los usos del agua previos a la sequía de diferentes grupos sociales, mostrando cómo la responsabilidad en la presión sobre los recursos es también desigual y señalando a los más ricos como una de las causas de las crisis de escasez.

Los resultados muestran que las soluciones que se centran en mejoras tecnológicas y la creación de estructuras más eficientes, además de un sistema de precios progresivo, no son suficientes, pues no reducen por sí mismas el nivel de consumo y perpetúan, además, la desigualdad en el reparto del agua. Así, la cuestión fundamental sería que estamos tomando medidas reactivas en lugar de actuar de forma proactiva e ir a la raíz del problema, un cambio de enfoque que parece sensato teniendo en cuenta que los episodios de escasez serán cada vez más frecuentes, si bien no por causas naturales.

Así lo afirma también el responsable del programa de aguas de World Wide Fund for Nature (WWF), Rafael Seiz: «Ya estamos en un escenario de estrés hídrico severo, que es consecuencia en gran parte de las decisiones que se han tomado estos dos últimos años: mantener la atención a las demandas con restricciones pequeñas». Y añade que, aunque la sequía de 2022 no fuera especialmente grave, su impacto sí lo fue por la presión extra que venimos añadiendo a los recursos hídricos[115]. Es decir: si queremos ser capaces de hacer frente a la demanda de agua en los próximos años, necesitamos empezar a discutir en serio cómo reducir el consumo. Y esto comienza por poner en entredicho los modos de vida de las élites y limitar el gasto de agua para usos no esenciales[116].

Y es que, además, aunque la ley blinda en teoría el consumo humano, en la práctica las limitaciones acaban llegando a los grifos de los hogares si se producen comportamientos irresponsables que afectan al agua de todas las personas. El verano de 2023 estuvo marcado en Catalunya por las restricciones debido a la sequía. La Agencia Catalana del Agua (ACA) contempla tres escenarios (alerta, excepcionalidad y emergencia) que restringen a entre 250 y 160 litros la disponibilidad de agua por habitante; la comunidad se sumió en el segundo estado, que limita el consumo a 230 litros, si bien algunos municipios llegaron a la emergencia. Recordemos que en Catalunya se consumen, de media, 117 litros por habitante y día. Durante los meses siguientes la situación ha variado de un escenario a otro en función de factores como las lluvias, lo que ha implicado medidas como bajadas de presión en los hogares, restricciones en el riego de parques (se usa lo imprescindible para la supervivencia de árboles y plantas) o prohibición de la limpieza de calles con agua potable.

Estamos lejos de poner en riesgo las necesidades de agua más básicas, pero teniendo en cuenta que «esta dotación es la media por municipio y que contempla tanto los consumos domésticos como el resto de usos que un municipio utiliza para otros fines e, incluso, las pérdidas en la red»[117], y que los recursos hídricos son siempre limitados, más allá de periodos de sequía, es importante que los usos sean solidarios. Y no siempre lo están siendo, como atestiguan las sanciones que se comenzaron a poner (tanto a municipios como a usuarios finales) en agosto del 2023[118] y que se deben, en algunos casos, al llenado de piscinas o el riego de césped, actividades prohibidas en situación de excepcionalidad. Se contemplan, incluso, bajadas de presión en caso de incumplimiento reiterado[119]. En otras ocasiones, los consumos excesivos pueden deberse a fugas u otros problemas en las redes de distribución, por lo que se han aprobado ayudas para su mejora[120]. Aun así, cada localidad es un mundo y se deberán analizar las medidas más pertinentes caso por caso.

Además, cuando hablamos de medias es fácil que algunos datos queden ocultos. Los cortes o restricciones más severas están llegando ya a algunos municipios, pues no todos se abastecen de las mismas fuentes. En algunos pueblos de Sevilla, por ejemplo, ya ha sido necesario el uso de camiones cisterna[121]. En otros lugares se han empleado desde barcos cisterna para abastecer a la población general hasta desaladoras privadas para evitar las restricciones a particulares en el llenado de piscinas.

CAMPOS DE GOLF, PISTAS DE ESQUÍ Y OTROS PROBLEMAS

En verano de 2023 saltaba la noticia de que Neymar había sido multado con más de 3 millones de euros por irregularidades en la construcción de un lago en una propiedad en Brasil[122]. Entre las infracciones se contaban la extracción de agua no autorizada y el desvío del curso de algunos ríos pequeños, además de movimiento de tierras. Tras recurrir, la justicia ha dado la razón al futbolista, que finalmente no tendrá que pagar nada, por considerar las medidas desproporcionadas[123]. De hecho, ahora será la alcaldía de Mangaratiba la que abonará una sanción. Sin entrar a valorar si la respuesta era o no proporcional, lo que nos muestra este caso es que, una vez más, apropiarse ilícitamente de un bien común sale gratis. Diversas voces se están levantando contra estos atropellos, concretamente en lo relacionado con el agua. Las protestas se han centrado especialmente en los campos de golf, con un alto consumo. España es el quinto país de Europa con más campos de golf (493 en 2020)[124]. Andalucía es la comunidad con más campos (109) y es, al tiempo, la región más seca de Europa, lo que implica que el mantenimiento de estos requiere más agua de riego. Para regarlos, se emplea cada año tanta agua como para abastecer a 1.193.000 personas (según los cálculos del ingeniero agrónomo Rogelio Nogales), lo que supone algo menos que el consumo de las ciudades de Sevilla y Málaga juntas[125]. Esto es, alrededor de un 2% del agua que se consume en la comunidad[126].

Quizás puede parecer un pequeño porcentaje, pero hay que tener en cuenta que destinarla al riego de campos de golf impide que se emplee para otros usos. Y, aunque se suele señalar (como apunta la Real Federación Española de Golf) que el 70% del agua empleada es regenerada[127] y, por tanto, no apta para beber, lo cierto es que sí puede emplearse para regar cultivos, parques y jardines, limpieza de calles, etc., usos que benefician a un mayor porcentaje de la población. Además, sigue habiendo un 30% de agua que no es reciclada, si aceptamos esos datos. Y es que también llegan noticias de usos ilícitos del agua para regar estos campos, como ocurría en Lorca (Murcia), donde sellaron hasta 14 pozos ilegales cuya agua se empleaba para este fin[128], lo cual ha tenido graves efectos en un paraje protegido y de gran valor ecológico.

Por otra parte, hay que preguntarse a quién beneficia esa agua. Solo alrededor de un 0,6% de la población juega al golf en España[VI][129]. El sector es, fundamentalmente, un atractivo

---

VI   En 2022 había alrededor de 47.700.000 habitantes en España y 289.028 licencias de golfistas, según la RFEG.

turístico. Y hay que tener en cuenta que no solo se consume agua a través de los campos, sino también en la construcción de urbanizaciones y resorts asociados a ellos, y con el propio turismo. Otro de los argumentos en defensa del sector suele ser la creación de puestos de trabajo; sin embargo, debemos pensar en el largo plazo, o de lo contrario no quedará agua ni para golf, ni para turismo ni para empleo. El empleo no puede perderse de vista, pero tampoco usarse como chantaje; una buena gestión pasa por tener en cuenta las necesidades de unos sin comprometer la supervivencia a largo plazo de muchos.

Contra esta situación se han levantado colectivos como Rebelión o Extinción, Futuro Vegetal, o Arran. Sus acciones pretenden señalar los campos de golf como un espacio de derroche de agua; para ello han taponado los hoyos con cemento[130] y plantado pequeños huertos alrededor de estos[131], bajo lemas como «El agua es un bien común» o «No nos podemos permitir sus lujos».

La fabricación de nieve artificial para abastecer las pistas de esquí es otro de los usos polémicos que ha tenido el agua en los últimos tiempos. La crisis climática y el aumento de las temperaturas están haciendo que las temporadas de nieve y esquí sean cada vez más cortas; para mantener el sector, se recurre a los cañones de nieve. Comisiones Obreras (CCOO), la Confederación General del Trabajo (CGT) o Ecologistas en Acción llevan tiempo denunciando las prácticas que se llevan a cabo en Sierra Nevada: extracción de más agua de la concedida desde el río Monachil[132], desviación desde la laguna de Las Yeguas (situada, además, dentro del Parque Nacional) hacia las balsas de almacenamiento de las estaciones... Desde la plataforma ciudadana ¡Que corra el agua!, del municipio granadino de Dílar, aseguran que la única concesión que tenía la estación de esquí para extraer agua de la laguna, y que no incluía el uso industrial, caducó en 1997. Una vez más, la captación continuada de agua tiene un fuerte impacto ecológico pues, como denuncia la plataforma, está afectando al acuífero y al nivel del caudal ecológico del río, mientras los cortes por la sequía afectan al riego de las huertas del pueblo[133].

Por otra parte, aunque a menudo se señala que el agua empleada en las pistas de esquí vuelve al cauce de los ríos con el deshielo, desde Ecologistas afirman que esto no es así, puesto que «entre el 24 y el 33% de la nieve almacenada en superficie en Sierra Nevada se pierde por sublimación», pasando directamente de estado sólido a gaseoso[134]. Además, los cañones de nieve implican también un importante gasto energético y emisiones asociadas. La situación es similar en otras pistas como la de Vallter 2000, en Girona, donde llega a haber picos de 12 grados, por lo que ni los cañones son suficientes para mantener la nieve[135], pero se repite en otros muchos lugares. En definitiva, un gasto de agua cada vez mayor que no parece ser una solución.

En último lugar tenemos el sector turístico como tal, si bien lógicamente los campos de golf y las pistas de esquí caen también dentro del saco. En concreto, el turismo de lujo es el que más agua consume. Por ejemplo, según un estudio de 2019 el gasto de agua en un hotel de cinco estrellas en Barcelona suponía un gasto de 545 litros por noche, frente a los 130 o 146 l de hoteles de una estrella y hostales o pensiones, respectivamente. Los alojamientos turísticos en su conjunto gastaban entre el 8 y el 12% del total de agua consumida en la ciudad[136]. Según la patronal barcelonesa de hostelería, esos datos no eran realistas al no estar actualizados, por lo que ofrecieron un nuevo informe en el que señalan una reducción del consumo, si bien la media de los alojamientos turísticos está en 163 l, frente a los 106 l que consumen sus habitantes, y aumenta hasta los 242 l en caso de hoteles de cinco estrellas. Hoy en día, pues, el consumo turístico supondría un 9% del total de la ciudad[137].

En Benidorm, por su parte, se gastan 590 litros en alojamientos con jardín y piscina (especialmente por el riego) o 361 litros en hoteles de cuatro estrellas, frente a los 120 que pueden consumirse en un camping[138], lo que pone una vez más de manifiesto las diferencias en el uso del agua según el nivel económico. Entre las medidas que se pueden llevar a cabo para reducir el uso del agua en el sector están eliminar el césped de los jardines, pues es muy exigente en agua, y plantar especies adaptadas a cada región. También la reutilización del agua de duchas y lavabos para las cisternas, así como la instalación de sistemas de ahorro en todos ellos[139].

En cuanto a las piscinas, la polémica estalló en verano del 2023 tras el anuncio de la Generalitat de que estaría permitido llenar las piscinas de uso compartido (como las de hoteles o bloques de viviendas) en plenas restricciones por la situación de excepcionalidad[140]. Ante esa situación, numerosas agrupaciones ecologistas firmaban el documento «Propostes per a fer front a la sequera»[141], en el cual piden que se cumpla la ley sin excepciones y que se regule con qué tipo de agua pueden llenarse las piscinas, entre otras muchas reivindicaciones. Además, el portavoz de la plataforma Aigua és vida asegura que, bien tratada, el agua de las piscinas puede durar siete años[142]. Por su parte, el sector agrícola catalán entendía las restricciones en el campo, pero lamentaba las concesiones al turismo[143].

En algunos rincones de Barcelona parece que se habla más inglés que catalán y castellano juntos. No es raro entrar a un bar y que te saluden con un alegre «Good morning!». El empleo en el sector turístico supone un alto porcentaje del total de afiliados en el Estado español —un 12,5% a finales de 2023[144]— y a menudo parece que esto lo justifica todo: la gentrificación en cada vez más barrios; un sector inmobiliario dominado por los pisos turísticos que pone los alquileres por las nubes y expulsa a las vecinas de sus barrios; la precariedad en los empleos, con trabajo en B, fijos discontinuos o temporalidad no deseada, sueldos bajos y todo tipo de atropellos por parte de los empleadores... No es raro que los turistas protagonicen noticias sobre peleas, ruido o incluso, y con más frecuencia de la que cabría esperar, muertes por *balconing*[145]. Cruzar Passeig de Gràcia en hora punta esquivando riadas de turistas sí que debería considerarse deporte de riesgo. A esto se suma, como hemos visto a lo largo del capítulo, un uso inaceptable del agua de todas. Parecen suficientes razones para, como mínimo, empezar a poner en duda la viabilidad del sector turístico tal como lo conocemos. Sin embargo, fuera de ciertos ámbitos activistas no parece que pueda ni plantearse la cuestión. Los grandes complejos turísticos se han visto obligados a reducir su uso del agua en Catalunya en menor porcentaje que el sector agropecuario, lo cual puede tener sentido en la medida en que el volumen de agua consumido en los cultivos es mucho mayor que en las piscinas de los hoteles, pero no tanto si nos paramos a pensar en qué necesitamos más: comida que llevarnos a la boca o sangría a 10 euros en las atestadas Ramblas de Barcelona[146]. Necesitamos trabajos, sin duda, pero trabajos de calidad que permitan una vida digna a quienes los desempeñan y que aporten un valor real a la sociedad en la que se desarrollan. Necesitamos más zonas verdes, pero con árboles que den sombra y flores que atraigan insectos en lugar de césped con poco valor ecológico y que supone un gran consumo de agua. Necesitamos refugios climáticos en los que poder guarecernos cuando las temperaturas sean insoportables. Necesitamos casas bien aisladas que no dependan tanto del aire acondicionado o la calefacción, casas que hagan un uso lo más eficiente posible del agua gracias, por ejemplo, al aprovechamiento en las cisternas de los retretes de las aguas grises procedentes de duchas o bañeras[147]. Necesitamos restaurar nuestros lagos, acuíferos y otros sistemas acuáticos. Todo esto, que son solo algunos ejemplos de los retos que ya están en marcha de cara a la transición (o regreso) hacia un mundo más verde, supone un gran número de puestos de trabajo que pueden venir a llenar el hueco que dejen modelos económicos obsoletos como el basado en el turismo y el ocio para ricos. Como dice el cartel que cuelga del muro de mi salón: «Trabajar menos, trabajar todas, producir lo necesario, redistribuir todo»... y tener trabajos de los que podamos sentirnos orgullosas.

CAPÍTULO 3

Acuíferos: usos y abusos

Si los pinares ardieron aún nos queda el encinar.

Castilla: canto de esperanza

Nuevo Mester de Juglaría

¿QUÉ SON LOS ACUÍFEROS?

Ya hemos mencionado la importancia de los acuíferos y el problema que supone su sobreexplotación. Vamos a ver más detenidamente qué son los acuíferos y cuáles son las principales amenazas a las que se enfrentan.

Los acuíferos son, a grandes rasgos, formaciones geológicas subterráneas que almacenan agua. Esa agua puede llevar en el subsuelo miles o millones de años, y su acumulación tarda también largos periodos de tiempo en producirse. Y, ¿cómo ha llegado hasta ahí? Cuando llueve, las capas superficiales de la tierra absorben el agua; cuando ya no pueden retener más, el agua empieza a filtrarse hacia abajo y, al encontrar una capa impermeable, se acumula en ella recargando los acuíferos. Parte de esa agua también llega a los ríos. La tierra actúa como filtro natural, así que llega más limpia que el agua que fluye por la superficie arrastrando partículas[148].

La existencia de bosques en el terreno en el que llueve ayuda a retener el agua, gracias a las raíces de los árboles; además, el discurrir del agua que fluye por la superficie se ralentiza, dándole tiempo a penetrar en terrenos en los que habitualmente no lo habría hecho. Asimismo, ayuda el hecho de que la compactación del suelo es menor, ya que el agua llega al terreno con menos fuerza[149]. Por el contrario, en terrenos que retienen peor el agua, como los que no tienen vegetación o los asfaltados, esta no llega tan fácilmente a los acuíferos y, además, es más fácil que se produzcan inundaciones.

La importancia de los acuíferos es enorme, porque son fuentes más estables de agua que los embalses y, bien cuidados, proporcionan agua más limpia que la de los ríos. No obstante, están amenazados en múltiples frentes, que se pueden sintetizar en dos: la sobreexplotación y la contaminación. Estos dos están, a su vez, interrelacionados.

Cuando hablamos de sobreexplotación nos referimos a extraer el agua de los acuíferos más rápido de lo que esta tarda en reponerse de manera natural. El aumento de la población, de la industria, de la ganadería o la agricultura intensivas y, en general, un uso descuidado del agua hacen que los recursos hídricos se exploten de manera insostenible. Además, el desarrollo tecnológico ha permitido un ritmo de extracción enormemente superior al de los pozos tradicionales. El agua es un recurso renovable, pero la recarga de los acuíferos es lenta —entre las precipitaciones y la llegada del agua a los acuíferos pueden pasar meses— y el agua está repartida en el territorio de forma desigual. Este ritmo de explotación recibe el nombre de «minería del agua», ya que comparte similitudes con las explotaciones mineras: grandes ritmos de extracción y tendencia al agotamiento de recursos[150].

Pero las consecuencias van más allá de la *simple* escasez. Un caso especialmente llamativo es el de Yakarta, la capital de Indonesia. Entre los problemas que sufre con relación al agua—falta de acceso, contaminación, desigualdad— destaca uno: la ciudad se hunde. La sobreexplotación de los acuíferos que se encuentran bajo la ciudad es la culpable, pues hace que el terreno se deforme y se venga abajo. Se calcula que el 44% del agua se pierde entre las grietas y en 2016 se contabilizaron más de 4.200 pozos excavados para conseguir agua limpia (frente a los 30 de 1920), que podrían ser muchos más sumando los ilegales. A esto se unen el gran crecimiento de la ciudad (que añade más peso de infraestructuras), el asfaltado (que impide la recarga de los acuíferos) y la subida del nivel del mar. Todo esto ha llevado a una solución drástica: trasladar la capital a una ciudad, aún por construir, que se llamará Nusantara. No obstante, esto no soluciona el problema de aquellas personas que deben dedicar un alto porcentaje de sus sueldos a comprar agua limpia mientras achican el agua de sus casas cada vez que estas se inundan[151].

La otra gran amenaza de los acuíferos es la contaminación. Y no solo de estos, sino de todas las masas de agua del planeta. La contaminación está presente en mares, lagos o ríos. Ni el agua de lluvia ni la de la Antártida se libran. Gracias a diversos análisis se ha encontrado presencia de contaminantes también en las aguas de esta zona remota, entre los que se encuentran fármacos, productos de higiene como filtros solares o fragancias, conservantes o insecticidas. El origen podrían ser las expediciones científicas o turísticas, pero también la dispersión causada por procesos ambientales como las precipitaciones. Se cree que la presencia de estas sustancias podría afectar a la biodiversidad, si bien son necesarios más estudios que analicen la toxicidad de bajas concentraciones de las sustancias en plazos largos de tiempo[152]. No obstante, considero el caso relevante por el hecho de que ni tan siquiera zonas que consideramos relativamente controladas y poco transitadas se libran de la contaminación.

En cuanto a la lluvia, recientemente se ha declarado que esta no es potable en ningún sitio del mundo debido a la presencia de PFAS[VII]. Se trata de unas sustancias de fabricación humana conocidas como «químicos eternos» por la lentitud con la que se degradan en el medioambiente. Forman parte de las sartenes antiadherentes (teflón), envases de comida para llevar, ropa impermeable, cosméticos y productos de limpieza, entre otros. Son muy utilizados por sus propiedades, ya que repelen el agua y las grasas[153]. No se trata tanto de que sus niveles hayan aumentado en los últimos tiempos, sino de que se han endurecido los criterios —que varían de un país a otro— para considerar el agua segura para su consumo cuando contiene estas sustancias, si bien, como afirma Irene de Bustamante, profesora del Departamento de Geología, Geografía y Medio Ambiente de la Universidad de Alcalá y directora adjunta del Instituto IMDEA Agua[VIII], el agua de lluvia «está más contaminada ahora que hace 60 años»[154].

Entre los problemas y enfermedades que se relacionan con los PFAS se encuentran el debilitamiento del sistema inmunológico, el aumento de la incidencia de algunos cánceres o los daños hepáticos. Para evitar la exposición a estos compuestos, además de seguir investigando sobre alternativas desde las instituciones, se recomienda evitar el uso de productos que los contengan; para ello, debemos buscar palabras clave como «libre de PFAS o PFOAS» (en alimentación), «sin flúor» o «*fluorine-free*» (en mobiliario y textiles) y evitar los ingredientes «fluoro» o «PTFE», en el caso de los cosméticos[155]. En cuanto al agua, los filtros pueden ayudar a reducir la presencia de estas sustancias. En España, por ejemplo, las aguas son tratadas antes de su distribución en las redes de abastecimiento; en otros

---

VII   Las siglas hacen referencia a las sustancias perfluoroalquiladas y polifluoroalquiladas, una gran familia de químicos.

VIII   IMDEA Agua es una organización sin ánimo de lucro, perteneciente a la Comunidad de Madrid y que forma parte del sector público, que tiene como fin la realización de investigaciones en todos los aspectos relacionados con el agua.

lugares del mundo, podría ser necesario el uso de filtros domésticos[156].

En las próximas páginas exploraremos el gasto de agua y el foco de contaminación que suponen la ganadería, la minería o la agricultura.

GANADERÍA INDUSTRIAL

Centrémonos ahora en la ganadería. Sus dimensiones son gigantescas a nivel mundial, y también muy especialmente en el Estado español. Por ejemplo, el sector porcino (el más importante en el Estado) sacrificó 56,6 millones de animales en 2022 (frente a los casi 40 millones de 2004), lo que no obstante supuso un descenso en las cifras por primera vez en la década. En otras palabras, se mataron más cerdos que personas había en el territorio español. Esto coloca a España a la cabeza de la Unión Europea, con un 23,9% de la *producción*[157]. En términos mundiales, España fue ese mismo año el tercer exportador de carne de cerdo, por detrás de China y EEUU[158]. El incremento se ha dado también en otros animales como vacas y pollos.

Al tiempo, el empleo en el sector agrícola (que agrupa agricultura, ganadería, silvicultura y pesca) ha descendido durante las últimas décadas, siendo el empleo en ganadería en 2019 el 29% del que había en 1976[159]. Detrás de esta aparente paradoja parece estar el modelo de explotación que ha ganado terreno en los últimos años: la ganadería industrial. Usar este concepto, en lugar del de macrogranjas, da una mejor idea del tipo de ganadería del que estamos hablando, pues no siempre se trata de grandes explotaciones, sino que a menudo son explotaciones de menor tamaño, pero muy concentradas. Además, se trata de modelos automatizados donde la mano de obra no es tan necesaria y donde se emplea la integración vertical:

«el ganadero integrado aporta la mano de obra y las instalaciones, y la empresa suministra los animales e insumos comprometiéndose a comprar la totalidad de la producción. Este modelo de integración promete ganancias *fáciles*, pero supone la pérdida de autonomía y derechos frente al poder corporativo»[160]. Se trata de un sistema en el que «ganaderos y ganaderas asumen los riesgos y las responsabilidades ambientales y socioeconómicas»[161].

Como ejemplo, el promotor de la granja porcina de Mota del Cuervo (Cuenca, España) aseguró que su puesta en marcha generaría un único empleo[162]. Finalmente, la licencia le fue denegada por los efectos que la explotación tendría sobre el turismo, dado el impacto ambiental que tendría sobre el agua el tratamiento de purines y la agresión sensorial que supondrían los olores[163]. Además, este caso es paradigmático porque la granja proyectada, con 1.990 cerdos, se encontraba justo por debajo del límite de los 2.000, punto en el cual los requisitos se endurecen, pasando a ser necesario un procedimiento completo —y no simplificado— de evaluación ambiental. De ahí, también, que el tamaño de las explotaciones sea habitualmente más moderado. Frente a este modelo de integración vertical, tras el que están enormes empresas (Nutreco, Grupo Fuertes, Coren, Vall Companys, bonÀrea o Costa Foods)[164], los pequeños ganaderos independientes tienen poco que hacer y son expulsados del mercado. Se trata, además, de negocios orientados exclusivamente a la productividad (cuanto más, mejor, sin importar las condiciones) y a la exportación. En España, el consumo de carne ha descendido en los últimos años, si bien sigue siendo muy elevado. Concretamente, alcanzó su máximo en 2002, con un consumo anual de 120 kg/persona[165], descendiendo hasta los 39 kg en 2022[166]. Sin embargo, el número de animales sacrificados cada año ha ido en aumento hasta ahora, como hemos visto, precisamente porque se trata de un modelo orientado a la exportación.

En el plano ecológico las consecuencias no son mejores. La ganadería intensiva (es decir, con animales estabulados) depende enormemente de los piensos y estos, a su vez, en gran medida de la soja, un cultivo que genera enormes daños. A nivel mundial, más del 30% de las tierras agrícolas se dedican a la producción de piensos[167] en lugar de alimentar directamente a las personas. Para dejar sitio a estos cultivos, además, se deforestan enormes superficies de terreno de gran valor ecológico, especialmente de Latinoamérica, como El Cerrado (Brasil)[168] o la Amazonia. Después, la soja es importada a Europa a bajo precio para transformarla en piensos, generando un enorme beneficio para las empresas que venden el producto final[169].

Entre 1990 y 2020, pasaron a utilizarse para fines agrícolas 20 millones de hectáreas de bosques, una superficie mayor que la de la Unión Europea; el consumo de la UE es responsable de alrededor del 10% de esa deforestación mundial[170]. La deforestación y la agricultura son además causantes de gran parte de las emisiones de GEI. La enorme responsabilidad de la UE sobre esta destrucción, externalizando una vez más los daños de un consumo insostenible, llevó a la aprobación de una ley en abril de 2023 para luchar contra la deforestación mundial, que afecta a la soja, pero también al ganado, el cacao, el café, el aceite de palma, la madera, el caucho, el carbón vegetal y el papel impreso, así como los productos derivados de estos. Dicha ley obliga a las empresas a garantizar «que el producto no procede de tierras deforestadas ni ha provocado degradación forestal», así como a «demostrar que estos productos cumplen la legislación correspondiente del país productor, incluida la relativa a los derechos humanos, y que se han respetado los derechos de los pueblos indígenas afectados»[171]. Dentro de un tiempo habrá que analizar los efectos reales de la nueva legislación.

Centrándonos, finalmente, en el agua, podemos decir que la ganadería industrial es responsable tanto de un enorme gasto de agua como de su contaminación. En España, el 30% de los acuíferos se encuentra en mal estado químico, es decir, tiene las aguas contaminadas. La mayoría lo están por exceso de nitratos[172]. Pero, ¿qué son los nitratos? Se trata de nutrientes presentes de forma natural en el medioambiente; son, por tanto, necesarios y beneficiosos[173]. Sin embargo, si se encuentran en cantidades excesivas pueden llegar a ser perjudiciales tanto para los ecosistemas como para los seres humanos. Y, ¿de dónde viene ese exceso? Fundamentalmente, de la ganadería (están presentes en los purines, una mezcla de agua y excrementos) y de la agricultura (forman parte de los fertilizantes no orgánicos y otros compuestos empleados en este sector).

Aunque en el Estado español, en general, el agua es potable en cualquier lugar, cada vez son más los municipios que ponen restricciones al consumo de agua del grifo por la contaminación con nitratos. La Organización Mundial de la Salud (OMS), así como las normativas europea y española, consideran que la concentración máxima de nitratos que puede haber en el agua para que sea apta para consumo humano es de 50mg/l[174]. Sin embargo, se han llegado a detectar hasta 110 miligramos por litro de agua del grifo en lugares donde proliferan las explotaciones ganaderas. Por ejemplo, en Aragón, una zona con gran concentración de granjas, se detectaron en 2020 mediciones de nitrato por encima de los valores máximos aceptados en 37 zonas de abastecimiento humano[175]. Desde la Confederación Hidrográfica del Ebro reconocen la ganadería como uno de los principales focos de contaminación[176].

La razón es que los purines pueden usarse para la fertilización. Sin embargo, debe añadirse en cantidades que la tierra sea capaz de asimilar, de manera que no acaben filtrándose a los acuíferos y otros cursos de agua[177]. Y la realidad es que se genera mucho más purín del que la tierra puede asumir, por lo que no es raro ver imágenes de terrenos encharcados con estos excrementos. Trasladarlos a más de 5 km no resulta rentable económicamente para las empresas responsables debido a los costes del transporte, por lo que se acumulan en los alrededores de las explotaciones; las sanciones no parecen ser suficientemente altas como para disuadir de esta práctica. Además, si no se tapan adecuadamente, los excrementos producen GEI como el metano y el amoníaco, entre otros[178].

Tenemos, por otra parte, el consumo de agua. La ganadería industrial la necesita, y en grandes cantidades. Por ejemplo, la explotación proyectada en Lierta (Aragón), con 3.000 animales, requeriría 28.754 m³ anuales de agua, diez veces más que la consumida por el propio pueblo. Y esto, en una localidad cuyo acuífero, además, ya se encuentra contaminado[179], por lo que deben recurrir al agua embotellada. Este es solo uno de los muchos ejemplos que se repiten a lo largo de la geografía española. Por entenderlo mejor, un filete de ternera de 100g necesita 1.500 litros de agua (15.000 l/kg) frente a, por ejemplo, los 50 l que precisa un kilo de lentejas[180]. Por otro lado, un estudio realizado en Reino Unido concluyó que el uso de agua en dietas veganas era un 46,4% de la necesaria en dietas con un alto consumo de carne (es decir, con un consumo de más de 100g al día)[181]; además, la forma y lugar de producción de los alimentos tendría según el estudio un impacto menor en términos ecológicos que el hecho de comer o no comer carne y otros productos de origen animal. La mera reducción del consumo de carne, sin eliminarla completamente de la dieta, ya tiene grandes impactos.

A la vista de estos datos, un cambio en los hábitos alimenticios del norte global puede ser fundamental para revertir la presión a la que están sometidos actualmente nuestros recursos hídricos. Tomar conciencia de los procesos ocultos tras nuestras prácticas de consumo es fundamental. Pero tampoco debemos olvidar que los patrones de consumo varían mucho de unas partes a otras del mundo, lo que incluye el consumo de carne. Algunos expertos apuntan a la ganadería extensiva (que, de hecho, es el modelo más habitual en gran parte del mundo, siendo el medio de subsistencia para muchas personas) como un primer paso en dirección a un sistema más sostenible; por ejemplo, los rebaños pueden contribuir a la disminución de los incendios[182] puesto que consumen vegetación que, de otro modo, podría servir de combustible.

Además, la alimentación de los animales de ganadería extensiva depende en gran medida de terrenos no cultivables, por lo que no compite con la alimentación humana ni somete a otras zonas del planeta, como ocurre con la elaboración de piensos. Recordemos que hasta un tercio de las tierras cultivables se dedican a la alimentación de ganado[183]. Los animales, a su vez, colaboran en la fertilidad de la tierra y la dispersión de semillas, como afirma Sonia Roig, presidenta de la Sociedad Española de Pastos y profesora de Sistemas y Recursos Naturales en la Universidad Politécnica de Madrid[184]. Por último, en cuanto al tema que nos concierne, se suele acusar a la ganadería extensiva de usar más agua que la industrial; sin embargo, en este modelo el uso de los recursos hídricos «se integra en los ciclos locales de agua, la fuente principal son las precipitaciones y escorrentías de la base territorial (charcas, arroyos y corrientes de agua locales), y tras su uso, el agua se devuelve, de inmediato, al medio del que procede, cerrando con ello el ciclo hídrico natural»[185]. No se trata de presentar la ganadería extensiva como la panacea sino de buscar alternativas más que necesarias a un modelo claramente dañino.

Entre los problemas que provoca la ganadería industrial ya hemos mencionado, entre otros, los olores, los problemas asociados a los piensos, la falta de generación de empleo y la expulsión de negocios más pequeños, así como la contaminación y la sobreexplotación del agua. A esto hay que sumar el maltrato animal, los efectos en las personas derivados de las grandes cantidades de antibióticos suministrados a los animales y otros problemas sanitarios provocados por el hacinamiento de los animales que no podemos abordar en este libro. Ante esto, no es de extrañar que las resistencias a este modelo de ganadería se hayan hecho notar en diferentes municipios del Estado español. Un ejemplo de ello es la creación de la plataforma Stop Ganadería Industrial[186], que aúna más de 70 asociaciones vecinales y recibe el apoyo de varias organizaciones. En su web se pueden consultar los casos de éxito, recursos y propuestas. Uno de sus proyectos, en colaboración con Greenpeace, consiste en enviar kits para que las personas puedan analizar la calidad del agua y la presencia de nitratos en el agua de su localidad[187]. Con los datos recogidos se elaborará un informe para seguir denunciando esta situación insostenible.

«NO ES MINERÍA DE LITIO, ES MINERÍA DEL AGUA»[188]

En territorios donde no se da esta práctica extractiva, la minería es un proceso aún más opaco y desconocido que la ganadería industrial. Apenas somos conscientes de la cantidad de minerales necesaria para hacer que nuestros coches, teléfonos móviles y otros aparatos electrónicos funcionen, y de la dificultad de extraerlos. Sin embargo, es también una práctica que requiere enormes cantidades de agua y que provoca la contaminación de esta, en territorios, además, donde la presión hídrica es ya notable. Asimismo, tiene impactos en fauna, flora y paisaje, provoca la emisión de sustancias tóxicas, etc.

Como mencionábamos en el apartado sobre extractivismo del primer capítulo, la crisis climática está teniendo un papel muy importante en nuestra relación con la obtención de materiales. La necesidad de reducir el uso de combustibles fósiles ha generado una sensación de urgencia por pasarnos a las tecnologías *limpias o verdes* que oculta en cierta medida los impactos que la extracción de materiales necesaria para estas tecnologías provoca. En Europa, como se desarrolla en el informe *La mina, la fábrica y la tienda*[189], del Observatori del Deute en la Globalització (ODG), a esta necesidad se sumaron el impulso a la recuperación económica tras la pandemia —con programas como los fondos NextGenerationEU, orientados a que Europa sea «más saludable, más verde y más digital»[190]— y el miedo por el precio y la continuidad del suministro energético tras la invasión de Ucrania por parte de Rusia, con un viraje hacia una política europea de independencia energética, energía renovable y transición verde[191].

Hasta el momento, no obstante, la Unión Europea se caracteriza por ser importadora de energía y materiales. Esto la coloca en una situación de dependencia, pero también de explotación, puesto que muchos de los países de los que obtiene sus recursos minerales están, según la denominación del ODG, en posición subordinada, ya que, aunque cuentan con importantes reservas y extraen y exportan recursos naturales, lo hacen sin apenas procesarlos, por lo que son productos de bajo valor añadido. A menudo, los países en situación subordinada son países del sur global, por lo que esta situación no es más que una extensión de las prácticas coloniales de siempre.

La Agencia Internacional de la Energía (AIE) proyecta diversos escenarios energéticos en los que la necesidad de materiales varía en función de si se cumplen los compromisos de los países sobre cambio climático y reducción de emisiones, calidad del aire o energía renovable. Por ejemplo, asumiendo que se cumplieran los objetivos del Acuerdo de París[192] para la limitación del calentamiento global por debajo de 2 grados con respecto a niveles preindustriales y, para ello, se redujera la emisión de gases de efecto invernadero, la AIE calcula que habría que cuadruplicar la demanda total de minerales para las tecnologías energéticas limpias hasta 2040[193]. En cualquier escenario, estas tecnologías requieren más minerales que las basadas en combustibles fósiles.

Dentro de este aumento en el requerimiento de materiales, el litio es uno de los minerales que más incrementaría su demanda. Además, necesita una cantidad enorme de agua. Para la obtención de una tonelada de litio se necesitan de media 330m^3 (330.000 l) de agua según la AIE, frente a los 30m^3 que requiere el cobre o los 60m^3 del cobalto[194]. Otros estudios elevan esta cifra. Una de las opciones para obtener este material es la minería de litio por salmuera; este proceso no requiere perforar la roca, por lo que el impacto visual es menor, como también lo es la emisión de GEI, ya que el proceso se realiza por evaporación de agua. Pero esto no quiere decir que no haya impactos. En esta modalidad se explotan salares que son muy sensibles a los cambios hidrológicos, inseparables de la obtención del litio: «El proceso se efectúa por el bombeo de la salmuera mediante perforaciones [...]. La salmuera es enviada a unas piscinas de agua dulce, donde se evapora el líquido y se concentran las sales. Una vez evaporada el agua, el litio se separa por precipitación de los demás compuestos disueltos en la salmuera»[195].

Exploremos un poco más los efectos de este método de extracción en los países con reservas[196] de este mineral y sus comunidades. Chile es el segundo país en extracción de litio del mundo. La frontera de este país con Bolivia y Argentina configura, además, lo que se ha dado en llamar *triángulo del litio*, una denominación que oculta que los salares que se ubican en ese territorio «son, sobre todo, ecosistemas únicos y ambientes naturales de gran complejidad y fragilidad»[197], así como la presencia de población que a menudo es desplazada o ninguneada cuando las grandes multinacionales mineras se establecen en sus territorios. En Chile, aunque el litio tiene carácter estratégico y su propiedad es estatal desde 1979, en plena dictadura, años más tarde se abrió la puerta a las concesiones y la explotación por particulares, por lo que las empresas se han ido instalando en el país. Y lo han hecho, además, en Atacama, una de las zonas con más bajas precipitaciones del mundo. Por lo tanto, la minería pone en una situación aún más frágil a una zona ya de por sí sometida a un gran estrés hídrico, con hasta 18.000 toneladas de metal de litio producidas en 2020 por parte de SQM y Albermarle (dos de las principales corporaciones dedicadas a los minerales críticos). Mientras poblaciones cercanas como Peine pueden disponer de caudales de tan solo 4 litros por segundo, las minas llegan a extraer más de 2.000 litros en el mismo tiempo[198].

La minería ha resurgido en los últimos años en Europa y, concretamente, en España. En 2017, Ecologistas en Acción denunciaba un aumento alarmante de permisos mineros otorgados por los gobiernos autonómicos en el Estado durante el lustro anterior[199]. Uno de los proyectos que lleva tratando de arrancar desde esas fechas es el de la mina de litio de Cáceres, impulsada por Extremadura New Energies (ENE), filial española de la australiana Infinity Lithium[200]. Se busca explotar el segundo mayor yacimiento de litio de Europa[201]. Sin embargo, la propuesta se ha topado una y otra vez con una enorme oposición, tanto de las instituciones como de la ciudadanía, encarnada en la plataforma Salvemos la Montaña. La empresa ha tratado de superar este escollo reiteradamente con una sucesión de cambios: lo que empezó siendo una mina a cielo abierto es hoy un proyecto subterráneo, que sin embargo seguía chocando con el Plan General Municipal (PGM) dada la ubicación de la mina. En septiembre del 2023 se anunciaba la presentación, antes de final de año, del nuevo proyecto de mina subterránea con la incorporación de una serie de mejoras medioambientales[202]. Poco después, en noviembre, el servicio municipal de Urbanismo de Cáceres presentaba un informe en el que se aseguraba que la mina sería compatible con el PGM si esta se situara a suficiente profundidad[203]. En el momento de escribir estas líneas, el arranque del proyecto sigue en duda.

En cualquier caso, Salvemos la Montaña sigue teniendo reticencias, pues desconfían de las promesas de restauración tras la finalización de la concesión —la mina será explotada durante 26 años, según estimaciones de la empresa—, critican que la mina esté tan cerca de la ciudad, a tan solo 2km, y temen el impacto de la explotación en los acuíferos y el aire[204]. En este sentido, la empresa pretende aprovechar el agua de las precipitaciones directas sobre las instalaciones —a lo que, por cierto, se refiere como «generación de agua» dentro del proyecto, como si fueran ellos quienes crean la lluvia—, si bien reconoce que deberá obtener de la EDAR (estación depuradora de aguas residuales) de Cáceres más de 500.000 (alrededor del 7,5% de su capacidad) de los 700.000m^3 que necesitará anualmente. También se pretenden bombear unos 150.000m^3 desde el interior de la propia mina[205].

Otra de las cosas que llaman la atención del caso de Cáceres es que, como asegura el portavoz de Salvemos la Montaña, Alejandro Palomo, la empresa promotora quiere comprar el equipo de baloncesto de la ciudad[206]. Este tipo de prácticas son muy habituales en torno a los macroproyectos, por ejemplo, en zonas de América con escasez de servicios públicos; es el caso de Chile, con un marco neoliberal que contribuye a esta situación y donde las empresas han llegado a proporcionar desde paneles solares, agua corriente o internet hasta servicios hospitalarios o incluso dinero a la población afectada[207]. Sin embargo, no todo el mundo acepta este tipo de estrategias, puesto que no anulan el hecho de que son las formas de vida tradicionales y el tejido productivo anterior a las minas los que quedan desplazados; la diferencia de percepción en torno a este problema supone a menudo fracturas sociales.

Como explica a ODG Claudio Alfaro, habitante de Tierra Amarilla (Atacama, Chile): «Aquí había agricultura, el río tenía agua, teníamos árboles... Todas las mañanas veníamos con mi abuela a los campos de Tierra Amarilla a comprar leche. Había un matadero con carne fresca. Todo eso desapareció»[208]. Y es que, como comentábamos en las primeras páginas, el agua no es solo un recurso —fundamental, por otra parte— sino algo aún más profundo. En palabras de Sonia Ramos, defensora del agua en San Pedro de Atacama: «Somos el pueblo-agua y la relevancia e importancia del agua para seguir subsistiendo, no solamente como humanos sino como sistema-mundo, es muy desconocida por occidente. El agua tiene su propio mundo y en el desierto es muy visible su funcionamiento y la intervención brutal que está sufriendo por la minería»[209].

Además de la escasez, la contaminación del agua es también un grave problema. Así lo denuncian los más de 400 grupos indígenas de Jujuy (Argentina)[210], un territorio que vivió grandes movilizaciones[211] y una fuerte represión en junio de 2023 a raíz de un cambio constitucional. Dicho cambio suponía un recorte en los derechos de protesta y también facilitaba el desalojo de las tierras; finalmente se mantuvo la limitación del corte de calles, si bien los artículos 36 y 50, relativos a la propiedad y las tierras de los pueblos originarios, fueron retirados[212]. No obstante, el artículo 74 deja la puerta abierta a la apropiación de tierras, de acuerdo con las comunidades originarias[213]; y es que en muchas ocasiones no tienen documentos que demuestren su propiedad, aunque llevan viviendo y trabajando esas tierras desde siempre. Denuncian, además, el riesgo de contaminación del agua por los químicos empleados para extraer el litio de la salmuera[214]. Ya ocurrió en Fiambalá, un pueblo ubicado también en Argentina, en la provincia de Catamarca, donde la planta piloto de procesamiento de litio situada en el pueblo fue clausurada por un tiempo; aunque no se llegaron a dar explicaciones por parte de la empresa o las instituciones, el cierre coincidió con una intoxicación que provocó fiebre, vómitos y dolores musculares que integrantes de la Asamblea Agua Pucara atribuyeron al agua contaminada[215].

◊◊◊

¿Qué se puede hacer frente a estas situaciones? En primer lugar, habría que reivindicar que las poblaciones afectadas sean incluidas de verdad en los procesos de decisión sobre macroproyectos que se dan en sus tierras, así como que se respete el derecho a sus tierras. Así lo recoge el Convenio 169 de la Organización Internacional del Trabajo sobre Pueblos Indígenas y Tribales[216] en diversos artículos:

«*Artículo 13.1*. Al aplicar las disposiciones de esta parte del Convenio, los gobiernos deberán respetar la importancia especial que para las culturas y valores espirituales de los pueblos interesados reviste su relación con las tierras o territorios, o con ambos, según los casos, que ocupan o utilizan de alguna otra manera, y en particular los aspectos colectivos de esa relación».

«*Artículo 14.1*. Deberá reconocerse a los pueblos interesados el derecho de propiedad y de posesión sobre las tierras que tradicionalmente ocupan. Además, en los casos apropiados, deberán tomarse medidas para salvaguardar el derecho de los pueblos interesados a utilizar tierras que no estén exclusivamente ocupadas por ellos, pero a las que hayan tenido tradicionalmente acceso para sus actividades tradicionales y de subsistencia. A este respecto, deberá prestarse particular atención a la situación de los pueblos nómadas y de los agricultores itinerantes».

«*Artículo 15. 1.* Los derechos de los pueblos interesados a los recursos naturales existentes en sus tierras deberán protegerse especialmente. Estos derechos comprenden el derecho de esos pueblos a participar en la utilización, administración y conservación de dichos recursos.

«*Artículo 15. 2.* En caso de que pertenezca al Estado la propiedad de los minerales o de los recursos del subsuelo, o tenga derechos sobre otros recursos existentes en las tierras, los gobiernos deberán establecer o mantener procedimientos con miras a consultar a los pueblos interesados, a fin de determinar si los intereses de esos pueblos serían perjudicados, y en qué medida, antes de emprender o autorizar cualquier programa de prospección o explotación de los recursos existentes en sus tierras. Los pueblos interesados deberán participar siempre que sea posible en los beneficios que reporten tales actividades, y percibir una indemnización equitativa por cualquier daño que puedan sufrir como resultado de esas actividades».

Por otra parte, teniendo en cuenta el rechazo que causan los proyectos mineros, el impacto ambiental y social de los mismos y la enorme cantidad de materiales que debe ser extraída para cumplir con los objetivos climáticos de los países, cabría plantearse, como ya comentábamos, una ruta hacia el decrecimiento.

En tercer lugar, ya se están explorando alternativas a la realización de nuevas extracciones, como son la recuperación y el reciclaje (la llamada «minería urbana») o la sustitución. Ecologistas en Acción explora esta línea en su informe *Reciclaje de metales como alternativa a la minería*[217]; hay que tener en cuenta que existen enormes diferencias entre materiales en cuanto a la capacidad, tanto actual como potencial, de reciclaje, ya sea por imposibilidad técnica o coste de los procesos. Sin negar la necesidad de apostar, también, por el terreno tecnológico, este no debería anteponerse a cualquier precio a las personas y los ecosistemas. Necesitamos producir electricidad, pero también un suelo fértil que pisar y agua limpia que beber.

AGRICULTURA INDUSTRIAL

El regadío es, sin punto de comparación, el sector que más agua consume tanto a nivel estatal como a nivel mundial. Estamos hablando de alrededor del 70%, de media, en el mundo[218] y hasta un 80,5% del total consumido en el Estado español[219], a pesar de que las cifras europeas no lleguen al 30%. Santiago Martín Barajas eleva esta cifra hasta el 93%[220]. Estos números hacen que sea especialmente necesario abordar el problema del agua en la agricultura, ya que hacen que sea uno de los primeros sectores que se ven afectados por las restricciones en caso de escasez de agua. Además, aunque por supuesto se trata de un sector imprescindible puesto que nos da de comer, y también teniendo en cuenta que estamos ante un problema complejo, lo cierto es que muchas de las prácticas que se vienen dando en los últimos años están creando una situación insostenible.

Los problemas van desde una presión hídrica que está llevando al agotamiento del agua en muchas zonas, como los alrededores del Parque Nacional de Doñana (España) —quizás el caso más conocido del Estado— hasta la contaminación de aguas por el uso de pesticidas o la acumulación de plásticos de los invernaderos, pasando por modelos económicos que no priorizan la alimentación de la población local, sino intereses económicos, por lo que a menudo se dedican grandes superficies de terreno a la alimentación animal (como veíamos en el apartado sobre ganadería) o a la exportación. Todos estos problemas están atravesados por una misma cuestión: la privatización más o menos velada de los recursos hídricos, puesto que el agua que se consume para unos propósitos deja de estar disponible para otros. Tratemos de entender un poco mejor este proceso.

En los últimos años se ha dado en España una enorme expansión de los cultivos en regadío. Concretamente, han crecido un 15,6% entre 2004 y 2021, mientras que la superficie dedicada a invernaderos ha aumentado un 25,6%[221]. Sin embargo, la superficie agraria total ha permanecido prácticamente invariable. Este cambio lleva aparejada, como es lógico, una mayor demanda de agua, a pesar incluso de las mejoras en eficiencia. La conversión de la agricultura del Estado se explica en parte por las lógicas de la Política Agrícola Común (PAC), creada en Europa en 1962 para garantizar que la ciudadanía tuviera acceso a alimentos asequibles tras la Segunda Guerra Mundial; esto supuso priorizar la productividad frente a otros valores como la calidad o la sostenibilidad y, con ello, sustituir los cultivos por aquellos que produjeran más, que eran los que recibían mayores ayudas. Y el regadío garantiza, por lo general, una producción mucho mayor que el secano.

Desde entonces la PAC se ha ido transformando (por ejemplo, buscando la reducción de costes para competir en el mercado, desligando las ayudas de la productividad o buscando el respeto al medio ambiente). Así, ahora las directrices europeas invitan a pagar por hectárea y no por producción. No obstante, se permite una flexibilidad (con el fin de no provocar cambios bruscos en las rentas) que hace que en España una parte de los pagos siga estando vinculada a las ayudas recibidas en el periodo en que quien más producía más cobraba (1999-2003). Además, el exceso de producción lleva a menudo a precios más bajos dentro de un mercado regido por la oferta y la demanda, por lo que el regadío, que incrementa la productividad de los terrenos, no siempre ha tenido los efectos deseados[222]. No obstante, la alternativa de pagar más a quien más tierras posea tampoco parece una situación ideal[223]. La situación del campo ha llevado en los últimos años a levantamientos en toda Europa (Francia, Rumanía, Alemania o España, por mencionar solo algunos lugares). La complejidad del sector agrícola, en el que conviven diferentes modelos, grandes y pequeños propietarios, terratenientes y trabajadoras en situaciones muy precarias, hace que sea un movimiento de protesta igualmente heterogéneo. Aunque a menudo parezcan copadas por grupos reaccionarios, no debemos perder de vista que algunas de las movilizaciones proceden precisamente de colectivos que reclaman una mayor soberanía alimentaria, la oposición al neoliberalismo y los tratados de libre comercio o condiciones dignas para las personas que trabajan el campo[224].

Además de la expansión del regadío, otro de los grandes problemas es la concentración de la tierra. A menudo se suelen utilizar argumentos relacionados con el mantenimiento o el aumento de los empleos cuando hablamos de agricultura. Sin embargo, el censo agrario del INE, de 2020 y publicado en mayo de 2022, muestra que en los últimos 10 años se han perdido un 7,6% de las explotaciones y un 7,7% del empleo[225], aunque, como decíamos, la superficie total dedicada a agricultura apenas ha variado. En concreto, fueron las explotaciones más pequeñas (las de entre 1 y 2 hectáreas de tamaño) las que más se redujeron: un 32% en el periodo 2009-2020. Además, el 6% de las explotaciones agrícolas en España están a nombre de personas jurídicas que acaparan casi un cuarto de la superficie agrícola[226]. Es decir: la misma cantidad de tierra está cada vez en menos manos. Esto se explica porque, especialmente en secano, es más fácil obtener rentabilidad a través de explotaciones grandes y mecanizadas, en las que los costes queden compensados, por lo que las pequeñas explotaciones son expulsadas[227].

Así que, por el momento, tenemos una expansión de los cultivos que más agua demandan y una concentración de la tierra cada vez en menos manos, además de un aumento de la mecanización que hace descender la mano de obra necesaria. ¿Tenemos, al menos, buenos alimentos con que abastecer a la población? Lo cierto es que, como ocurría con el sector ganadero, gran parte de lo que se produce en el Estado español está orientado a la exportación. De hecho, es el primer exportador de la UE y uno de los tres primeros exportadores mundiales junto con China y EEUU de frutas y hortalizas; en este ámbito, mandamos fuera del país (fundamentalmente al resto de Europa) en torno al 50% de lo que producimos[228]. Esto nos ha valido el apodo de *la huerta de Europa*. En otras palabras, no exportamos vegetales, sino un agua que no nos sobra.

Hace ya más de dos décadas, Vandana Shiva nos advertía de estos problemas en el contexto de la India. La autora pudo ver cómo la agricultura tradicional, que se adaptaba a la disponibilidad de agua de la región y se basaba en la diversidad de productos, quedaba relegada por la llegada del regadío y el monocultivo. Las consecuencias fueron nefastas y van, tal como cuenta, desde la pérdida de la capacidad de retención de agua en los suelos debido a cultivos que aportaban poca materia orgánica a estos hasta la «escasez extrema de agua, desertización, encharcamiento y salinización de los campos como consecuencia del cambio de abonos orgánicos a químicos y sustitución por cultivos voraces de agua»[229]. En el plano social, se produjo una pérdida de la capacidad de gestión local de las aguas y de aplicación de los conocimientos tradicionales. Así, la gestión se centralizó, disminuyendo las posibilidades de la población de reaccionar ante los cambios en la disponibilidad de agua y de tomar decisiones sobre cultivos y usos de la tierra año a año.

La reconversión del secano al regadío, orientada a la exportación, llevó al endeudamiento del campesinado para adecuar sus cultivos; además, la sobreexplotación de los acuíferos provocó un descenso de los recursos hídricos y la contaminación de los pozos. Asimismo, el gobierno creó un impuesto sobre el agua cuyo importe fue aumentando. En 1980, el campesinado respondió con la creación de la Malparaba Niravari Pradesh Ryota Samvya Samith (Comisión de Coordinación de Agricultores de la Comarca de Malparaba Ittihsyrf) y de un movimiento de insumisión, negándose a pagar las tasas. Este fue duramente reprimido y se fue extendiendo, saldándose con miles de detenciones y 40 asesinatos entre el campesinado; finalmente, el gobierno decretó una moratoria en la recaudación de impuestos. Shiva señala a los gobiernos y las instituciones internacionales —Banco Mundial (BM), Organización Mundial del Comercio (OMC) o Fondo Monetario Internacional (FMI)— como culpables de las políticas privatizadoras en torno a la gestión del agua. Como afirma: «La crisis del agua es el resultado de una ecuación equivocada que afirma que el valor es igual al precio monetario»[230] y aboga por un movimiento multitudinario por la democracia del agua.

Por desgracia, la historia se repite una y otra vez en diferentes partes del mundo. Volviendo al Estado español, uno de los problemas a los que se enfrenta el campo es el de los pozos ilegales. Según WWF habría unos 500.000 en total[231]. Su utilización supone no solo una competencia desleal con respecto a quienes usan los cauces legales, sino también poner en riesgo las reservas hídricas de toda la población. Por ejemplo, en 2019 se regaron 101.877ha con agua procedente del acuífero de los Arenales, ubicado en la meseta castellanoleonesa (España), de las cuales 23.975 hectáreas fueron extraídas ilegalmente, según WWF[232]. Por ello, son muchas las voces que reclaman la clausura de los pozos ilegales, en lugar de su legalización como se ha hecho en sonadas ocasiones. Esta estrategia se llevó a cabo ya en los alrededores de Doñana en 2014 con el llamado plan de la fresa, cuando fueron regularizadas 9.400 hectáreas[233]. Ahora pretendían añadir 1.400 hectáreas de regadío más[234]. Finalmente, gracias a un acuerdo para un plan social, de 350 millones de euros y aún por perfilar, entre la Junta de Andalucía y el Ministerio para la Transición Ecológica, el proyecto ha quedado paralizado.

Como es lógico, es difícil determinar el volumen total de agua que se extrae de los pozos ilegales. Pero la realidad es que el agua está dejando de llegar. Las imágenes de una Doñana absolutamente seca nos llegaban en septiembre de 2022 y a principios de 2024 la situación parece lejos de solucionarse. Este espacio natural, Patrimonio de la Humanidad de la UNESCO, perdía entonces su última laguna. Y no solo por la falta de lluvias, sino también por el regadío desenfrenado en la zona, incluidos pozos ilegales, o por la presión de los veraneantes de la macrourbanización de Matalascañas sobre los recursos hídricos[235]. Esta situación ha provocado que Doñana sea la primera reserva ecológica expulsada de la lista verde de la Unión Internacional para la Conservación de la Naturaleza (UICN), tras ponerse de manifiesto el deterioro del entorno y de su flora y fauna[236]. Por desgracia, no es el único caso, pues la situación es muy parecida, por ejemplo, en el Parque Nacional de las Tablas de Daimiel (Castilla-La Mancha), donde menos de un 5% de la superficie que debería estar inundada lo estaba en julio de 2023. Además, este parque alberga turberas, que «son ecosistemas únicos, compuestos principalmente de material vegetal parcialmente descompuesto conocido como turba. Estas áreas húmedas actúan como auténticos almacenes de carbono, ya que acumulan grandes cantidades de este gas de efecto invernadero, evitando su liberación a la atmósfera. De hecho, las turberas almacenan aproximadamente el doble de carbono que los bosques del mundo»[237]. Las transferencias de agua que llevan años haciéndose pretenden en parte evitar que las turberas vuelvan a entrar en combustión, como ya pasó en 2009, liberando gran cantidad de gas.

Un caso también trágico es el del Mar Menor[238] (Murcia, España). Y es que la contaminación es otro de los grandes problemas del sector, como veíamos en el apartado sobre ganadería industrial. Esta zona, que configura la laguna salada más grande de Europa, ha sufrido desde 2016 varios episodios de anoxia —falta de oxígeno— que han provocado la muerte de peces y crustáceos[239]. El último de ellos se produjo en 2021[240]. La causa está en el vertido de nitratos procedentes de los fertilizantes empleados en la agricultura intensiva de la zona; estas sustancias generan episodios de eutrofización: un aumento excesivo de los nutrientes conocido popularmente como *sopa verde*, puesto que precipita el crecimiento de macroalgas, como ha ocurrido en el Mar Menor, impidiendo el paso de la luz solar, la fotosíntesis y la creación de oxígeno[241]. Como vemos, los problemas en torno al agua no solo afectan a la potabilidad o disponibilidad de agua de la que veníamos hablando —temas que son en sí mismos enormemente graves—, sino que también destrozan ecosistemas enteros de gran valor ecológico. Su deterioro, o incluso desaparición, podría tener consecuencias que aún no podemos prever.

Otra importante fuente de contaminación, además de los fertilizantes, son los plásticos que recubren los invernaderos. Este caso es especialmente notable en el Poniente Almeriense, que no en vano recibe el nombre de *mar de plástico*. El problema no es solo la abundancia de estos plásticos, sino también la mala gestión de estos una vez dejan de ser utilizados. La mayoría de los plásticos se reciclan (alrededor de un 85%, según datos de la Junta de Andalucía), pero el 15% que no se recicla supone 5.000 toneladas de plástico sin tratar. Estos materiales quedan enterrados en el suelo, donde se van descomponiendo en microplásticos que pueden llegar a capas más internas del terreno e incluso alcanzar los niveles freáticos contaminando el agua, ya que algunos de sus componentes son tóxicos, como afirma la investigadora del Instituto de Diagnóstico Ambiental y Estudios del Agua (IDAEA) del Consejo Superior de Investigaciones Científicas (CSIC) Ethel Eljarrat[242]. Como veíamos más atrás, la presencia de microplásticos ha proliferado alcanzando todos los rincones del mundo, y afecta también a organismos vivos como plantas, animales y humanos. Este asunto de los invernaderos, algo menos visible, se suma al ya conocido problema de los plásticos flotando en el mar, donde son ingeridos por los animales o bien causan su muerte al quedar enredados en ellos.

Como podemos entrever en la mayoría de los conflictos de los que venimos hablando, un elemento común es la privatización de los recursos hídricos, no entendida necesariamente como una transferencia de la propiedad del estado a manos privadas, sino más bien como una limitación del uso de un bien común por culpa de acciones de personas o grupos de personas. Por ejemplo, el uso de pozos ilegales supone que un bien que podría llegar a ser usado por toda la población, o conservado para la sostenibilidad ecológica en lugares de un alto valor natural como Doñana, Daimiel o el Mar Menor, genere beneficios solo para unas pocas personas. Pero un caso más sutil es el de la contaminación de las aguas por la acción de explotaciones agrícolas o ganaderas, donde el agua contaminada deja de estar disponible igualmente, pero en este caso nadie llega a hacer uso de ella.

Algunos ejemplos de privatización son mucho más evidentes y, por qué no decirlo, terroríficos. Es el caso de Australia, donde existe un auténtico mercado de compraventa de agua. Lo cuentan en el documental *Lords of Water*[243]: el agua es ya un recurso más, sujeto a las lógicas de la oferta, la demanda y la especulación. Australia pertenece al continente más seco del planeta, por lo que la falta de agua lleva tiempo siendo un gran problema. Hace unos años, en 2007 decidieron ponerle *solución* al problema. La cosa va así: el gobierno, a través de la Water Act, raciona el agua y asigna a cada gran consumidor una parte en función de la actividad, las reservas y los pronósticos meteorológicos. Después, a través de una *sencilla* aplicación, ganaderos y agricultores pueden vender el agua que tienen asignada o comprar la que les falta en el mercado privado. El precio fluctúa a diario en función de la oferta y la demanda. Tom Rooneg, el CEO de Waterfind —la empresa que gestiona este proceso—, describe así el proceso de privatización del agua: «Asignándole un valor [al agua] vamos a respetarla más». Además, opina que los precios no son altos (unos 300€ por megalitro —un millón de litros— en el momento de la entrevista).

Pero la realidad es que ponerle precio al agua no hace que esta se use de forma más moderada, racional, o como quiera decirse. Lo único que se consigue es que quien tiene dinero, pague, y quien no lo tiene se quede sin acceso a ella, ya sea para beber, lavarse o regar los campos, expulsando a los pequeños productores que no pueden competir con los gigantes de la agroindustria o con especuladores financieros que juegan con el agua en un mercado ficticio. Porque este mercado llama ya la atención de inversores extranjeros. Esto ha llevado, por ejemplo, a que el precio del agua subiera de 320 dólares a 700 en un periodo de tan solo 5 meses. Esta medida, que tuvo una buena acogida en el momento de su implantación, puesto que se veía como una forma de incrementar ganancias, generaba un gran rechazo 10 años después, en 2019, cuando muchas personas han tenido que dejar sus medios de subsistencia. Desde el activismo medioambiental también preocupa que, por culpa de este modelo, los ecosistemas se queden sin el agua necesaria para mantenerse; por ello, participan en el mercadeo del agua con el fin de preservar una parte de esta y devolverla al medio.

Para resumir, rescatemos dos posturas contrapuestas. Por una parte, la de un anciano de la tribu Ngarrindjeri, tío Muggie: «El agua forma parte de nuestra identidad. Es una parte de nuestra historia desde sus orígenes». «El dinero no se puede comer. El dinero no se puede beber». «El río tiene espíritu. Es un espíritu de agua». Frente a este sentir tenemos la versión mercantilista, por ejemplo, del asesor económico especial del Citigroup Willem Buiter, que opina que no se puede convencer a la gente de que reduzca su consumo de agua si se la dan gratis. Reconoce que su motivación es el beneficio económico, pero asegura que, indirectamente, también hacer bien a la humanidad. Preguntado por la inmoralidad de comerciar con el agua, ya que el agua es vital, responde: «¿Por qué va a ser inmoral comerciar con el agua?». «¿No pagamos un seguro médico? Que el agua sea vital no significa que no pueda tener un precio».

El modelo australiano puede ser tomado como una advertencia. En junio de 2023 se producía en el Estado español la primera compraventa masiva de agua, con 40hm^3 de agua vendidos por los arroceros sevillanos a los agricultores de Almería[244]. La explicación es que el agua disponible para los primeros no era, sin embargo, suficiente para mantener sus cultivos, pero sí podía bastar en territorio almeriense para salvar sus frutales. La venta se produjo por 24 céntimos, uno más que el precio de salida, aunque algunos arroceros pretendían aumentarlo hasta los 50 o 60 céntimos de euro, y permitió paliar en parte las pérdidas que sufrieron por no sacar adelante sus cosechas. No obstante, creo que es importante que se dé un debate sobre este tipo de intercambios, ya que pueden sentar un precedente que vaya virando hacia derroteros más especulativos, como en el caso australiano que acabamos de comentar. Desde luego, es fundamental garantizar los medios de subsistencia de las personas que pertenecen a los sectores de la ganadería y la agricultura, pero nunca a costa de comprometer la disponibilidad futura de agua para toda la sociedad. La falsa dicotomía empleo o sostenibilidad debe ser negada en origen. No se trata de que haya una cosa u otra, sino de que ambas puedan coexistir de forma sostenible.

En el plano social, el asunto no mejora. Al contrario: la agricultura también supone en este país situaciones de precariedad, agresiones y muerte. El caso quizás más conocido es el de las trabajadoras de la fresa (de los frutos rojos, en realidad) en Huelva, mujeres que han denunciado en numerosas ocasiones abusos laborales y también sexuales[245] a través, por ejemplo, de la plataforma Jornaleras de Huelva en Lucha[246]. Se trata de mujeres a menudo migrantes de origen marroquí, que no hablan español, y por tanto en mayor situación de vulnerabilidad. Y los empleadores abusan de esa situación. Acuden a un trabajo temporal, del que pueden ser despedidas tras el periodo de prueba, donde no se respetan las bajas médicas y en el que muchas veces se ven obligadas a vivir en chabolas[247]. Los invernaderos ocultan otras historias trágicas como la de Omar Mellioui, un trabajador que murió tras dos días sulfatando sin protección. Cuando se desmayó por la intoxicación, su jefe lo llevó al centro de salud más cercano y lo abandonó en la entrada, pero ya estaba muerto[248].

◊◊◊

Los intereses privados acaban con las vidas de los ecosistemas, animales, plantas y personas.

En este capítulo hemos analizado tres de los sectores
que más amenazan nuestros acuíferos a través de la sobreexplotación o la contaminación: la ganadería, la minería y
la agricultura. Se trata de ámbitos clave en nuestras sociedades, pero que están copados por un modelo industrial y
neoliberal donde prima el negocio y dominan los grandes
propietarios. Necesitamos, por tanto, un viraje hacia formas de organización en las que se prioricen otros valores,
como la conservación de los ecosistemas y las fuentes de
agua limpia, los derechos de los trabajadores y las trabajadoras, el bienestar animal, la producción local y el fin de la
explotación neocolonial. Todo esto pasa, además, por replantear radicalmente nuestras formas de consumo —no
individualmente, o no solo, sino a nivel social— puesto que
mantener los niveles de explotación de las fuentes de agua
que venimos empleando no es viable. Desterrar algunos
mitos, como el de la pérdida de trabajos, es fundamental
para que se dé un cambio de mentalidad. Lo que realmente
destruye puestos de trabajo es el modelo industrial basado
en la mecanización del campo o la industria. Y, ya que no
podemos esperar que el cambio de modelo no genere ma-
lestares, sin duda resulta más útil proponer alternativas,
como puede ser la inversión en nuevos empleos verdes que
faciliten la transición y al tiempo garanticen un empleo a
quienes pueden perderlo por el camino, que aferrarse a un
sistema obsoleto. O, ya puestas, podemos reivindicar una
renta básica que desligue de una vez por todas el derecho a
vivir dignamente de la obligación de ser productivas. Pero
ese es otro libro.

CAPÍTULO 4

El gran negocio de las hidroeléctricas

> «El capitalismo lleva en su esencia la guerra,
> como los nubarrones llevan la tormenta».
>
> *Jean Jaurès*

NO TAN VERDE

Cuando hablamos del agua como recurso (entendida como un bien del que podemos disponer, no necesariamente mercantilizado) solemos pensar en usos en los que esa agua se consume en parte o en su totalidad, tras lo cual no se devuelve al medio del que procede, ni se retorna de la misma manera en que se ha extraído. Son los llamados *usos consuntivos*, e incluyen el agua de riego o de consumo doméstico, entre otros. Por el contrario, el uso no consuntivo es aquel en el que hay una utilización de agua, pero no un consumo: el agua permanece en el medio o es devuelta, aunque no siempre en el mismo lugar. Esta forma de consumo incluye usos recreativos (como, por ejemplo, la navegación) o la generación de energía eléctrica[249].

En esta última nos centraremos a continuación. Es importante señalar que, aunque no se produzca un consumo como tal, la generación hidroeléctrica sí conlleva importantes impactos. Por una parte, implica una limitación en el resto de usos que se pueden dar al agua: si, por ejemplo, se desembalsa para producir electricidad, puede llegar a faltar agua para beber o regar. Además, la construcción de presas y, por consiguiente, de embalses, necesarios para la generación de energía, tiene implicaciones ecológicas, entre las que podemos mencionar la interrupción del curso natural del río, sus sedimentos y la fauna que habita en ellos, o la muerte de numerosas especies animales y vegetales en el momento de la creación de las presas. También tiene consecuencias humanas: los megaproyectos hídricos suelen conllevar el desplazamiento de la población que habitaba las zonas posteriormente inundadas, así como la destrucción de poblaciones o zonas consideradas sagradas.

Merece la pena, por tanto, detenerse a analizar este sector. Una vez más —y de forma especialmente notable, dada la envergadura de los proyectos— se produce una apropiación ilegítima de elementos del dominio público hidráulico[IX] con el fin de obtener grandísimos beneficios. Poner este modelo en cuestión es un primer paso para recuperar el control sobre un agua que debería ser de todas.

IX   El dominio público está constituido por el conjunto de bienes que siendo propiedad de un ente público están afectos a un uso público (plaza o calle), a un servicio público (edificios oficiales) o al fomento de la riqueza nacional (aguas, montes), tal y como se recoge en la Constitución, que indica que será cada Ley la que determine estos bienes. De acuerdo con el texto refundido de la Ley de Aguas, aprobado por Real Decreto Legislativo 1/2001, de 20 de julio, constituyen el dominio público hidráulico, entre otros bienes, los cauces de corrientes naturales, continuas o discontinuas y los lechos de lagos y lagunas y los de embalses superficiales en cauces públicos. Se consideran como dominio privado, los cauces por los que ocasionalmente discurran aguas pluviales, en tanto atraviesen desde su origen, únicamente, fincas de propiedad particular. https://www.miteco.gob.es/es/agua/temas/delimitacion-y-restauracion-del-dominio-publico-hidraulico.html

UNA BREVE INTRODUCCIÓN A LAS PRESAS

Una presa o represa es una construcción de tamaño variable creada con el objetivo de contener o regular el curso de un río. De acuerdo con un informe del año 2000 de la Comisión Mundial de Represas[X], hacia 1950 se produjo un gran aumento en la construcción de presas, paralelo al crecimiento de la población y la economía, hasta llegar a unas 45.000 presas a nivel mundial. Esto supondría que alrededor de la mitad de los ríos del mundo tiene al menos una gran represa[250]. Por su parte, WWF habla de 58.000 represas construidas hasta 2017[251].

Según la Comisión Internacional de Grandes Represas (ICOLD), se consideran grandes presas aquellas con una altura mínima de 15 metros (desde los cimientos). Las que tienen entre 10 y 15 metros de altura con un embalse de más de 1 millón de metros cúbicos también son clasificadas como grandes represas[252]. Las presas pueden tener diferentes usos, entre los que se encuentran el almacenamiento y suministro de agua para uso doméstico o industrial, o para riego, la generación de energía hidroeléctrica y el control de inundaciones. No obstante, también tienen su contrapartida, como veremos a continuación.

Además, el hecho de que la energía hidroeléctrica se considere renovable[253] (por emplear una fuente que se repone más rápido de lo que se consume) o verde (por emitir menos

---

[X]   La Comisión Mundial de Represas fue un órgano internacional independiente creado en el año 1998 tras una reunión celebrada el año anterior con el auspicio del Banco Mundial y de la Unión Mundial para la Naturaleza (IUCN). Sus objetivos fueron 1) Revisar la eficacia de las grandes represas para promover el desarrollo y evaluar alternativas para el aprovechamiento del agua y la energía y 2) Formular criterios aceptables internacionalmente, y donde fuera adecuado guías y normas, para la planificación, diseño, evaluación, construcción, funcionamiento, inspección y desmantelamiento de represas. Tras la publicación de su informe final, en el año 2000, la Comisión fue disuelta.

emisiones que los combustibles fósiles) oculta en parte las particularidades de las grandes centrales hidroeléctricas en cuanto a su impacto en los ecosistemas, como iremos viendo.

EL CASO LATINOAMERICANO: ROBO DE TERRITORIOS, ETNOCIDIO Y VIOLENCIA

Como comentábamos, la construcción de una gran presa siempre tiene un importante impacto en el entorno. Para empezar, implica inundar parte del terreno en el proceso de creación del embalse. Esto tiene numerosas consecuencias. En el plano humano, conlleva el desplazamiento de la población que vive en las zonas que quedarán anegadas. Se calcula que entre 40 y 80 millones de personas han sido desplazadas en todo el mundo por este motivo, y esto con datos de hace ya más de 20 años, los últimos disponibles. Más de tres cuartas partes de esos desplazamientos se habrían producido en India y China[254]. Esto no implica *únicamente* la pérdida de sus hogares —como si esto no fuera suficiente desgracia—, sino también de sus medios de subsistencia, como pueden ser la agricultura o la pesca. En muchas ocasiones, las poblaciones afectadas no han sido reubicadas ni tampoco se han restituido sus medios de vida[255], con el desamparo que eso supone.

Además, un hogar no es solo un sitio en el que habitas: son también las relaciones que estableces, la cultura, la vinculación con el medio. Las tierras arrasadas al paso del agua albergan, a veces, parajes naturales, sitios que son Patrimonio Mundial de la UNESCO o lugares considerados sagrados por sus poblaciones. Estas pérdidas son irreparables. Así ocurrió, por ejemplo, con los ahora desaparecidos Saltos del Guairá, también conocidos como Salto de Sete Quedas, que se encontraban en el río Paraná. Este monumento natural, ubicado en la frontera entre Paraguay y Brasil, fue inundado en 1982 tras la construcción de la central hidroeléctrica de Itaipú, una de las mayores del mundo y de las que más energía producen anualmente[256]. Las imágenes del antes y el después impresionan[257]. Las cascadas, sencillamente, desaparecieron. Irónicamente, la propia presa es ahora un atractivo turístico[258]. La construcción de este macroproyecto supuso el reasentamiento de 47 poblaciones[259], como denuncia Dam Watch International[XI]. Además, la cascada de Sete Quedas era un lugar sagrado para los pueblos Munduruku, Apiaka y Kayabi[260].

Por todo esto, se ha considerado que en algunas ocasiones las expulsiones y la destrucción causadas por las megapresas pueden ser consideradas como etnocidio[261], es decir, la eliminación de la cultura de un pueblo. Es también el caso, por ejemplo, de Belo Monte, una represa ubicada en el río Xingú (Brasil). Así lo denunciaba Thais Santi, fiscal del Ministerio Público Federal de Brasil, en una entrevista de 2016[262]. En ella relata cómo las personas afectadas por la construcción de la presa tuvieron que negociar con la empresa que gestiona la presa, Norte Energia, sin la presencia de la Defensoría Pública de la Unión, un mediador estatal. Esto llevó a que muchas personas que no sabían leer firmaran indemnizaciones que no querían, en lugar de obtener una casa en la que reasentarse. Belo Monte fue también escenario de un proceso muy típico en los macroproyectos: regalar cosas que la población no necesitaba en lugar de lo que pedían para reducir los impactos del proyecto; así, se les llegaron a dar camionetas en aldeas sin carreteras

---

XI   Dam Watch International es, según su propia web, «una red de alianzas internacionales de comunidades que han sido afectadas por las represas; investigadores, activistas, artistas, defensores y organizaciones medioambientales y de justicia social. Este sitio web se constituye como una plataforma para que la red comparta recursos, historias y conocimientos para ayudar a resistir el avance de las represas hidroeléctricas, particularmente en las comunidades indígenas de todo el mundo». https://damwatchinternational.org/es/

y productos procesados (refrescos, galletas o chucherías). Esto último provocó problemas de abastecimiento una vez que la empresa cortó el suministro, pues se habían vuelto dependientes de esas ayudas, así como graves problemas de desnutrición infantil o el aumento de enfermedades diarreicas. Una indígena Araweté, uno de los pueblos afectados por el megaproyecto, lo resumía así: «Las mercancías son la contrapartida para nuestra muerte futura»[263].

En palabras de la fiscal, había medidas para mitigar el riesgo que Belo Monte suponía para los indígenas, pero estas no se llevaron a cabo. En su lugar, lo que «se hizo fue una política marginal de instigación al consumo, de ruptura del vínculo social, de desprecio de la tradición, de manera que los indígenas fuesen atraídos hacia el núcleo urbano por el empresario y abandonados en lo peor de nuestra cultura, que es el consumismo». Y añade: «Lo que me asusta es la manera en que la sociedad asume como natural ese proceso con una visión de que es inevitable que los indígenas vayan a ser asimilados por la sociedad circundante, por la sociedad hegemónica. [...] Entonces, este proceso de etnocidio es asimilado, y al serlo no le duele a la gente. No duele el hecho de que los indios estén muriendo. En una sociedad de consumo, mientras no se pierda el yo hegemónico de cada uno, la muerte cultural de un pueblo no duele».

En teoría, la ejecución de este tipo de proyectos debería llevarse a cabo habiendo consultado previamente a las poblaciones afectadas por la explotación de sus tierras. A este derecho, amparado por el Convenio 169 de la Organización Internacional del Trabajo sobre Pueblos Indígenas y Tribales[264], que mencionábamos en el capítulo sobre acuíferos, se suman el de «no ser trasladados de las tierras que ocupan» y la obligación de los gobiernos de «respetar la importancia especial que para las culturas y valores espirituales de los pueblos interesados reviste su relación con las tierras o territorios». No obstante, el Convenio es ignorado de forma reiterada. En la web del Observatori Nawi, impulsado por la Comissió Catalana d'Acció pel Refugi (CCAR) y que analiza la relación entre derechos ambientales y desplazamientos forzados, pueden consultarse diversos informes. En ellos se estudian los casos de Colombia, Honduras o Guatemala y su situación con respecto al derecho al agua o los proyectos hidroeléctricos.

La inundación de terrenos tiene consecuencias también a nivel ecológico. Por una parte, requiere talar vegetación para despejar la zona, lo que supone la desaparición de una fuente de captación de CO_2 y una pérdida de biodiversidad. Por otra parte, la propia inundación supone la muerte de numerosas especies: en febrero de 2019, el cierre de las compuertas de la central hidroeléctrica Sinop, en el río Teles Pires o São Manuel (Brasil), provocó la muerte de millones de peces en menos de una semana[265]. La central está gestionada por Sinop Energia, un consorcio compuesto mayoritariamente por la multinacional francesa EDF junto con las brasileñas Eletronorte y Chesf[266]. En 2020, el escenario de muerte masiva de peces volvía a repetirse en este lugar. Tras estos sucesos parece estar el hecho de que, a pesar que la ley brasileña dice que hay que talar toda la vegetación que se encuentra en la zona inundable, en el caso de Sinop solo se retiró un 30% de la cobertura vegetal. Esto provocó una carencia de oxígeno que hizo que los animales murieran. El proceso es el siguiente: la materia orgánica que permanece en los embalses comienza a descomponerse; esto hace que se consuma oxígeno, que se transforma en CO_2 y, posteriormente, en metano. Los gases se liberan cuando las compuertas se abren[267].

De esta manera, las presas no provocan solo la muerte de la fauna, sino también unas importantes emisiones. Como afirmaba en 2019 Carlos García Paret[268], economista experto en sostenibilidad, clima y energía, algunos embalses, como el de la represa de Balvina, ubicada igualmente en Brasil, generan tantas emisiones como una central de carbón con la misma capacidad de producción eléctrica. El pico de emisiones se produce en los años siguientes a la inundación de los terrenos. Esto pone en entredicho, como mencionábamos al principio del capítulo, la consideración de la energía hidroeléctrica como energía verde. Por otra parte, los embalses resultantes son más pobres desde el punto de vista biológico que un lago o el río que existía de forma previa. Mientras las especies autóctonas sufren para subsistir, las invasoras proliferan[269]. Como se afirma en el informe de la Comisión Mundial de Represas, no siempre es posible mitigar los impactos de las represas, y no siempre que es posible se hace. Ocurre, por ejemplo, con los peces migratorios; estos se ven afectados por las barreras fluviales y los intentos de crear canales para permitir su paso no han tenido éxito[270].

La detención del flujo de sedimentos es también un problema importante: el cauce del río se va encajando, de manera que se sitúa más abajo que en su trazado original y vegas fluviales antes fértiles dejan de serlo[271]. El impacto de las centrales no se da, por tanto, únicamente en las inmediaciones de la propia presa, sino también aguas abajo. La presa de Asuán, en el Nilo (Egipto) es otro ejemplo de esto. La presa produjo la retención del grueso del limo que enriquecía las tierras que el río regaba a su paso, de manera que hubo que recurrir a fertilizantes químicos; del mismo modo, el delta del Nilo se fue hundiendo debido a la falta de sedimentos, provocando la muerte de especies y del sistema tradicional de agricultura[272]. En el plano ecológico, un último problema de las presas es la interrupción de la recarga de acuíferos. Como comentábamos en el capítulo tres, los acuíferos se recargan gracias a la lluvia, pero los ríos también cumplen un papel importante en este sentido al desbordarse y empapar zonas de inundación[273], cosa que no ocurre cuando el agua se retiene con barreras artificiales.

En resumidas cuentas, ¿quién sale beneficiado de la creación de centrales hidroeléctricas? Desde luego, no las poblaciones locales, sino más bien las grandes multinacionales, así como quienes reciben sobornos por facilitar la aprobación de los proyectos pese a los informes desfavorables[274] o sencillamente no realizar informes o consultas previas. La presencia de empresas europeas en los grandes proyectos hídricos de América Latina es habitual. Unas líneas atrás mencionábamos que la compañía pública francesa EDF estaba tras la presa de Sinop. En Chile, los mapuches luchan por expulsar de sus territorios a grandes hidroeléctricas como la italiana Enel, que es, a su vez, accionista mayoritaria de la española Endesa[275]. Estos casos no son la excepción, sino la norma. Una nueva ola colonialista que se vende como progreso cuando no es más que expolio.

Y esto no es todo. Como es lógico, los macroproyectos generan resistencias por parte de las poblaciones afectadas y grupos ecologistas. Resulta interesante el enfoque que adoptan las organizaciones que luchan de manera general por la protección de los ecosistemas, y específicamente en defensa del agua y en contra de las hidroeléctricas. Si bien se centran en casos locales y defienden el derecho a decidir sobre los propios territorios, a la vez generan lazos y alianzas a otros niveles, entendiendo que el sistema que genera los problemas contra los que luchan está instalado a nivel global: se comparten problemáticas y las empresas que explotan los recursos son las mismas en diferentes puntos del planeta. Es el caso de organizaciones como Dam Watch International, de la que ya hemos hablado, o de la Asociación Interamericana para la Defensa del Ambiente (AIDA), que «usa el derecho y la ciencia para proteger el ambiente y a las comunidades afectadas por el daño ambiental, principalmente en América Latina» y «sirve de puente entre comunidades, movimientos locales, organizaciones nacionales, gobiernos y organismos internacionales»[276]. Por su parte, el Movimiento de Afectados por las Represas (MAB, por sus siglas en portugués)[277], más centrado en las luchas locales en Brasil «nació [...] enfrentando amenazas y agresiones sufridas en la implementación de proyectos hidroeléctricos» y «hoy, además de luchar por los derechos de los afectados, exige un Proyecto de Energía Popular para cambiar de raíz todas las estructuras injustas de esta sociedad». Es decir, busca un cambio radical del sistema. Y es que, como venimos intentando demostrar, los conflictos en torno al agua no son ejemplos aislados del mal funcionamiento de las estructuras económicas, sociales y políticas, sino precisamente la prueba de que funcionan bien para unos pocos. Requieren, por tanto, un replanteamiento radical de las prioridades, lo que en el caso concreto de la energía implica, por ejemplo, analizar cuándo esta es realmente necesaria y dónde podemos reducir su uso.

Las estrategias de resistencia contra los macroproyectos incluyen acciones que van desde las medidas legales al boicot. En El Salvador, por ejemplo, llevan 18 años enfrentándose a la construcción de una central hidroeléctrica en el cauce del Sensunapan, que afectaría de forma grave e irreversible el caudal, así como el patrimonio de los pueblos Nahua[278]. Existen ya otras siete presas en ese río y, bajo el lema «La Octava no va» sus estrategias han incluido, entre otras, exigir medidas legales de protección del río. En México, concretamente en el estado de Guerrero, miembros del Consejo de Ejidos y Comunidades Opositores a la Presa La Parota (CECOP), organización creada para ese fin, lograron detener el inicio de las obras de la barrera apostándose día y noche en los territorios afectados[279]. En Argentina, el proyecto Corpus Christi fue rechazado en 1996 tras la realización de un referéndum que se saldó con un 88% de rechazo a la represa.

La contrapartida de estas luchas son unos índices brutales de violencia. En el caso más extremo, asesinatos. Uno de los casos más conocidos es el de la hondureña Berta Cáceres, quien fue asesinada tras oponerse a la construcción de la represa hidroeléctrica Agua Zarca en el río Gualcarque. En 2021, 5 años después del asesinato, Roberto David Castillo, exdirectivo de la empresa hidroeléctrica Empresa Desarrollos Energéticos S.A. (DESA), responsable de la represa, se convertía en el octavo condenado por este caso[280]. En México, Noé Vázquez, miembro del Movimiento Mexicano de Afectadas y Afectados por las Presas y en Defensa de los Ríos (MAPDER) y activista implicado en el movimiento en contra de la instalación de presas en Veracruz, fue asesinado en 2013[281]. Macarena Valdés fue una de las voces que se opusieron a la instalación de una central hidroeléctrica en su comunidad, Panguipulli, en Los Ríos (Chile). Tras recibir amenazas de muerte anónimas, fue finalmente asesinada en 2016[282]. Estos son, por desgracia, solo algunos de los casi 2.000 casos de asesinato de activistas por la defensa de la tierra registrados entre 2012 y 2023 por Global Witness[283], una organización que expone abusos de poder, corrupción y crímenes medioambientales. Con datos de 2022, la mayor parte de ellos se dan en América Latina y, en proporción, la población indígena es la más afectada, ya que fueron víctimas de más de un tercio de los asesinatos a pesar de que solo constituyen alrededor del 5% de la población mundial[284].

EL CASO ESPAÑOL: LOS COSTES OCULTOS DE LA ENERGÍA

Nos centraremos ahora en la producción de energía hidroeléctrica en el Estado español, ya que tiene algunas características reseñables, como son la cantidad de presas existente, el funcionamiento de su mercado eléctrico o el número de concesiones a empresas privadas que caducan en los próximos años, lo que abre un interesante panorama de recuperación de presas por parte del Estado.

Es importante mencionar que el sector hidroeléctrico español se caracteriza por una gran falta de información disponible y de transparencia. Además, está sufriendo grandes y rápidos cambios legislativos en los últimos años. Por lo tanto, es posible que algunos datos estén desactualizados o incompletos. También cabe destacar que, en España, los ríos y la costa son de dominio público y pueden ser gestionados por entidades privadas bajo una concesión estatal.

Por otra parte, el peso de la energía hidráulica está cayendo de la mano de la crisis climática. Así, según datos de la empresa pública Red Eléctrica, en 2022 la producción disminuyó un 39,7% y alcanzó el valor más bajo desde que hay datos (1990)[285]. Con respecto al total, supuso el 6,5% de la energía producida[286]. En 2023, no obstante, la producción de energía hidroeléctrica remontó[287]. Por lo tanto, cabe esperar aún más vaivenes en el sector en los próximos años.

Dicho esto, España dispondría de más de 1.200 presas de al menos 15 metros de altura. Esta cifra lo situaría como primer país de Europa y quinto del mundo en número de presas. De esas más de mil, casi 100 se dedicarían fundamentalmente a la generación de electricidad y al menos 450 tendrían esta actividad entre sus funciones[288]. Esto implica que la mayoría de sus ríos no corren libres; de hecho, el Almonte, en Cáceres, es el único que no tiene ningún tipo de barrera en sus aguas[289]. No obstante, a la luz de los conocimientos que se han adquirido en los últimos años, la tendencia actual es la de eliminar aquellas barreras, pequeñas o grandes, que obstaculizan el curso de los ríos y o bien están obsoletas o bien no suponen un beneficio mayor que el impacto negativo que causan.

Así, por ejemplo, Arturo Elosegi —biólogo y catedrático de Ecología de la Universidad del País Vasco— afirma que el hormigón no dura eternamente, por lo que cuando llega el fin de las concesiones, la compañía que las explotaba debe revertir el río a su estado original[290]. Del mismo modo, tiene

sentido deshacerse de pequeñas barreras, los llamados azudes, que, como comentábamos en el segundo capítulo, no
tienen ya ninguna función más allá de permitir a vox crear
bulos, y que sin embargo sí tienen un impacto ecológico negativo al entorpecer el paso de sedimentos o animales. Este
es precisamente el enfoque del Ministerio para la Transición Ecológica y el Reto Demográfico (MITECO), que ordenó
demoler 12 de las 21 concesiones hidroeléctricas que habían caducado entre principios de 2020 y finales de 2021
siguiendo los pasos de la Estrategia Europea para la Biodiversidad para 2030, cuyo objetivo es devolver a su caudal
libre 25.000 kilómetros de cursos fluviales en la UE[291]. De
esta manera, ante la escasa aportación eléctrica de las concesiones caducadas (15,38mw), se prioriza la restauración
ecológica de los lechos fluviales, manteniendo «un mínimo
caudal ecológico imprescindible para la salud de los ecosistemas fluviales», en palabras de varias agrupaciones como
Amigos de la Tierra, Ecologistas en Acción, Fundación Nueva
Cultura del Agua (FNCA), SEO Birdlife o WWF, entre otras[292].

Como hemos visto, eliminar las presas cuando llega el
fin de una concesión es una posibilidad. El problema es que
existe una falta total de transparencia en cuanto al número
exacto de presas y la fecha de caducidad de las concesiones.
Aunque el MITECO afirmó en 2019 que preparaba un registro con esta información, que estaría listo en dos años[293],
finalmente su publicación se retrasó hasta 2023 y a principios de 2024 parece no haberse hecho público aún. Esto
hace que sea muy complicado hacer un seguimiento de lo
que está pasando con las presas al final de las concesiones
y del número de años que están siendo explotadas en la
práctica. También dificulta ejercer presión para exigir que
las concesiones no se amplíen y, en cambio, las presas sean
destruidas (como veíamos más arriba) o bien sean reverti-
das al Estado.

No obstante, en 2021 *El Confidencial*[294] publicó la relación de centrales hidráulicas registradas en el Estado, la potencia máxima instalada en cada una y la fecha de fin de las concesiones asociadas a ellas. Este listado[295], que está incompleto —no aparecen todas las fechas— y fue proporcionado por la Subdirección General de Dominio Público Hidráulico e Infraestructuras de la Dirección General del Agua del MITECO, incluye 1.064 centrales hidráulicas y evidencia varias cuestiones.

La primera tiene que ver con la duración de las concesiones. La Ley de Aguas (1985) —y, posteriormente, el texto refundido de la Ley de Aguas de 2001— establece que la duración máxima de las concesiones será de 75 años. Lo confirmaban, también, el Tribunal Supremo en 2013 y la Audiencia Nacional en 2020. Según la sentencia de este último organismo, estaríamos ante un plazo improrrogable (que sí podría ser, en cambio, recortado) y que, además, implicaría indemnizaciones al Estado en caso de incumplirse. El Consejo de Estado añadía que «la fecha de fin de la concesión es la de los 75 años, y no la de la resolución que así lo declare»[296]. Antes de establecer esta duración, el límite estaba marcado en los 99 años. Se trataba de un vestigio del franquismo establecido para evitar que llegaran a generarse derechos de propiedad[297]. Fue en este periodo, concretamente en los años 30, 40 y 50, cuando se creó, con capital público, la mayoría de presas[298].

Sin embargo, como ya sabemos, hecha la ley, hecha la trampa. Muchas de las concesiones ya han superado con creces los 75 e, incluso, los 99 años. Entre las estrategias empleadas para extender las concesiones está dejar caducar los expedientes de reversión, como ocurrió con la central de Lafortunada, una planta del río Cinqueta (Huesca, Aragón), que el Ministerio de Agricultura, Alimentación y Medio Ambiente abandonó en un cajón[299]. La planta fue finalmente devuelta al Estado once años después de que caducara la concesión[300], en 2017, si bien la empresa adjudicataria, Endesa, tardó dos años más en dejar de explotarla, tribunales mediante. En total, 87 años de concesión[301]. Ahora, el plan de Aragón, aprobado en 2016[302] y que ya ha ido avanzando[303], es ir recuperando sus 150 plantas de generación hidroeléctrica conforme vayan caducando.

Otra manera de forzar las extensiones es invertir en mejoras o ampliaciones, que fue una fórmula muy utilizada en los 90. Es lo que ocurrió, por ejemplo, con la presa de Ricobayo, en Zamora. Aunque en teoría debía ser revertida al Estado en 2010, Iberduero (que se convertiría en Iberdrola tras la fusión con Hidroeléctrica Española), presentó en 1990 un proyecto de ampliación para construir Ricobayo II[304]. Esto, amparado por el reglamento de dominio público hidráulico de la época, supuso la extensión de la concesión 30 años más, hasta 2039[305]. En total, 105 años de explotación y 114 años de concesión, un plazo superior al permitido por las leyes que hemos mencionado. Y estos son solo algunos de los ejemplos. A la mayoría de concesiones les quedan aún unos cuantos años de explotación, unos 30 más, de media.

La segunda cuestión que se desprende del listado de concesiones es el gran dominio que ejercen sobre el mercado hidroeléctrico unas pocas empresas. Son seis compañías las que dominan el panorama, concentrando un altísimo porcentaje de potencia instalada (con fecha de 2021): Iberdrola (con 8.402,7 mw y 136 centrales), Endesa (3.902,4 mw en más de 100 centrales), Naturgy (1.604,1 mw), Repsol (1.019 mw), Acciona (771,5 mw) y, por último, EDP (con 482,4 mw)[306]. En cuanto a la comercialización, formalmente separada de la producción, con datos de 2020 el 81% de la electricidad que se distribuye en España en los hogares lo haría de la mano de tres empresas: Iberdrola (34%), Endesa (33%) y Naturgy (14%)[307]. Como vemos, coinciden con las compañías de generación hidroeléctrica, por lo que su dominio del mercado es enorme.

Además, numerosos expertos —como Álvaro del Río, ex director general del Instituto para la Diversificación y Ahorro de la Energía (IDAE)[308]— afirman que las inversiones realizadas en las centrales están más que amortizadas. De hecho, teniendo en cuenta que las inversiones iniciales las realizó en gran medida el Estado durante el periodo franquista, siempre han supuesto dinero fácil. Por lo tanto, los beneficios que generan para las empresas concesionarias son enormes. A esto se añade que producir energía hidroeléctrica es mucho más barato que hacerlo con otros métodos, puesto que el combustible, por así decirlo, es el agua. Como ejemplo, la nacionalizada central de El Pueyo de Jaca, gestionada por la Confederación Hidrográfica del Ebro, producía electricidad en 2015 con un coste entre 9 y 10 euros el megavatio/hora, mientras que los hogares españoles pagaban 237 euros por megavatio, es decir, 24 veces el coste de producción[309]. En 2021, los datos eran similares: las hidroeléctricas producían a 5€ el megavatio/hora, mientras que vendían a 110[310]. Esto viene determinado por diversos factores, como los impuestos y otros costes que las compañías añaden a la factura de la luz, pero también tiene que ver en gran medida con cómo funciona el mercado eléctrico (*spoiler*: mal; o, mejor dicho, muy bien para unos pocos).

En este mercado —el llamado *pool*— las ofertas se ordenan de la más barata a la más cara y el precio de la energía (de toda ella) viene determinado por la última unidad necesaria para hacer casar la oferta y la demanda. Es decir, se paga toda al precio de la más cara. Generalmente, el orden en el que entran a la subasta es el siguiente: nuclear, renovables, hidroeléctrica (considerada también renovable), gas, petróleo y carbón[311]. La nuclear no tiene mucha capacidad de arrancar y pausar su producción, mientras que las renovables (solar, eólica) dependen de factores externos que no pueden controlar (sol, viento). Por ello, estas suelen ofertarse a coste cero. Sin embargo, la hidroeléctrica sí tiene capacidad de elegir el mejor momento para soltar agua, esto es, cuando el beneficio sea mayor. Esto, claro, siempre que haya agua: la crisis climática que atravesamos hará que esta forma de producción sea cada vez menos fiable. Además, el hecho de que muchas compañías, como Iberdrola, controlen diversas fuentes de energía puede darles visibilidad y control sobre cómo va a funcionar el mercado eléctrico. La última fuente en entrar suele ser la electricidad generada a partir del gas, cuyos costes de producción tienden a ser mucho más caros y oscilantes: no solo dependen del precio del gas en sí mismo, sino que deben cubrir los costes de emisión de CO_2, los cuales no pagan las formas de producción anteriores. Este elevado precio final, que beneficia a las tecnologías más baratas, se conoce como *beneficios caídos del cielo*.

Así pues, las centrales se benefician, como decíamos, de precios de producción bajos, una gran capacidad de control de su producción y, además, de los llamados beneficios caídos del cielo. *Win win win*. Y así llegamos a la polémica que tuvo lugar en el verano de 2021. La península atravesaba una importante sequía —lo que será cada vez más habitual—, pero las presas estaban aún llenas. Sin embargo, varias poblaciones empezaron a denunciar sucesivamente que se habían quedado sin agua. Fue el caso, por ejemplo, de Belvís de Monroy, en Cáceres. Su alcalde, Marcos Pascasio, señalaba a Iberdrola como responsable directa del repentino corte: «Debido a la gran negligencia y al interés de Iberdrola en la producción energética más barata como es la hidráulica, tres pueblos [...] nos hemos quedado sin suministro de agua»[312]. Las normas (las propias concesiones, los planes hidrológicos de cuenca, etc.) que marcan cuánta agua se puede soltar y en qué circunstancias pueden ser bastante laxas o estar desfasadas debido a la larga duración de las concesiones. Por eso, en el caso del embalse de Valdecañas, aunque Iberdrola respetó el convenio que dice que la cota no puede bajar de 290, esto no impidió que la bomba que abastece a la localidad se quedara al aire y dejase de llevar agua al pueblo. Finalmente, el problema se solucionó provisionalmente gracias al depósito de Casas de Belvís, que aportó agua a la localidad cercana hasta que ampliaron el carrete de la bomba[313].

Escenarios similares se dieron ese mismo año en Zamora y Galicia. En Galicia, la Xunta llegó a multar con 100.000 euros a la Confederación Hidrográfica del Miño-Sil, por una parte, y con 50.000 euros cada una a Iberdrola y Naturgy, por otra, por no avisar con anterioridad del vaciado de los embalses de Cenza, As Portas, Salas y Belesar. El gobierno gallego consideró que la falta de preaviso impidió tomar medidas preventivas para no perjudicar a las poblaciones acuáticas, lo que supondría una infracción administrativa grave contra el artículo 73 de la ley de pesca continental de Galicia[314]. Sin embargo, la Confederación Hidrográfica sostiene que sí se informó con suficiente antelación[315]. En cualquier caso, las multas impuestas a las empresas concesionarias resultan ridículas al lado de los grandes beneficios que obtienen anualmente por explotar y hasta poner en peligro un recurso que, recordemos, forma parte del dominio público y, por tanto, nos pertenece a todas. Por su parte, en Zamora, en concreto en el embalse de Ricobayo gestionado por Iberdrola, se abrió una causa penal por el desembalse masivo de agua, pero esta fue finalmente archivada por no encontrarse indicios de delito contra el medioambiente[316].

Desde luego, que algo sea legal no quiere decir que sea legítimo y el hecho de que las empresas puedan disponer del agua embalsada a su antojo debería hacer que se nos dispararan todas las alarmas. Una empresa privada siempre va a anteponer el beneficio de sus accionistas al del conjunto de la población y este tipo de situaciones lo demuestran. Por supuesto, la visión de Iberdrola es diametralmente opuesta: alegan que la finalidad de embalses como el de Ricobayo es precisamente generar electricidad y que su intención era frenar la entrada de recursos fósiles más caros como el gas[317], algo que cuesta creer teniendo en cuenta que su presencia en el mix energético hace que aumenten los beneficios de las hidroeléctricas. Además, con respecto a Valdecañas, la energética restaba importancia al problema afirmando que la reducción de las reservas de agua disponibles tenía un «carácter coyuntural» y que se recuperarían en época de lluvias[318].

Tras estos polémicos sucesos, y en el contexto de altos precios del gas que se estaba dando en ese momento, en septiembre de 2021 se aprobó un Real Decreto que, entre otras cosas, trataba de regular el vaciado de embalses estableciendo «un régimen mínimo y máximo de caudales medios mensuales a desembalsar para situaciones de normalidad hidrológica y de sequía prolongada, así como un régimen de volúmenes mínimos de reservas embalsadas para cada mes. Asimismo, se fijará una reserva mensual mínima que debe permanecer almacenada en el embalse para evitar indeseados efectos ambientales sobre la fauna y la flora del embalse y de las masas de agua con él asociadas»[319]. Es un primer paso para no fiar la estabilidad de los ecosistemas a los intereses privados.

Pero algunos intentos de regulación han sido una debacle. Por ejemplo, en 2021 el Estado se vio obligado a devolver 1.900 millones a las eléctricas después de que el Tribunal Supremo anulara el canon hidráulico aprobado por el Gobierno de Rajoy[320]. Este canon «por utilización de las aguas continentales para la producción de energía eléctrica en las demarcaciones intercomunitarias» gravaba con un 25,5% la generación de energía hidroeléctrica bajo ciertos supuestos. El Tribunal de Justicia de la UE lo había avalado —tras ser recurrido por las compañías afectadas— alegando que la normativa europea recoge el principio de que «quien contamina paga» que «obliga a los países a tener en cuenta la recuperación de los costes de los servicios relacionados con el agua, incluidos los de tipo medioambiental»[321]. No obstante, el Tribunal europeo dejaba la puerta abierta a una revisión posterior dentro del Estado español. Finalmente, el Tribunal Supremo tumbó la norma aduciendo que, por una cuestión de jerarquía normativa, la parte de la norma relativa a la revisión de las concesiones solo podía llevarse a cabo si las eléctricas concesionarias aceptaban los cambios (cosa que, lógicamente, no harán si no les beneficia). También consideraba que la retroactividad del canon no era aplicable[322]. En 2022, el gobierno del PSOE recuperaba el canon, aplicable al valor económico de la energía hidroeléctrica producida en cada período impositivo anual. En la nueva norma se redefinen algunos conceptos y se establece que el 50% de lo recaudado irá destinado a «financiar actividades de control, mejora de la calidad, procedimientos y protección del Dominio Público Hidráulico», mientras que el otro 50% se invertirá en financiar los costes del sistema eléctrico referidos a fomento de energías renovables[323]. No hay noticias posteriores a la aprobación de la ley en 2022, por lo que no parece que esta vez las eléctricas hayan movido ficha para tratar de tumbarla.

Aun así, el lucro de las grandes compañías no parece tener un techo y su afán de ganar cada vez más, tampoco. El Banco de España analizaba en 2023 los sectores que se habían beneficiado de la crisis de inflación entre 2021 y 2022 en mayor medida (sin tener en cuenta el de las finanzas). Las eléctricas despuntaban como las que más habían subido los precios en relación con el aumento de sus costes —con un 89% de aumento de precios frente a un 57% de aumento de costes— seguidas del refino de petróleo. El resto de sectores presentan, en general, un equilibrio entre el aumento de costes y de precios[324]. Es decir, las eléctricas no solo no se vieron afectadas por la situación, sino que pudieron modificar sus precios para sacar tajada.

Los beneficios de estos gigantes de la energía cortan la respiración. En el primer trimestre de 2023, Iberdrola tuvo unos beneficios netos de 2.521 millones de euros, un 22% más que en 2022. Naturgy se embolsó un 88% más que en el año anterior, unos 1.045 millones. Endesa, 916 millones. A la luz de estas cifras de beneficio, un canon de un 25,5% puede parecer migajas[325]. Pero la cosa no termina ahí. A finales de 2023, Alianza contra la Pobreza Energética (APE), Enginyeria Sense Fronteres (ESF) y Fossil Free Politics (FFP) presentaron un informe, *Radiografía del lobby energético*[326], donde destapan las presiones de estas tres empresas para influir en las políticas que les afectan. Entre las estrategias destacan las inversiones en *lobbies* o grupos de presión: hasta millón y medio de euros anuales entre las tres eléctricas y las patronales AELĒC (Asociación de Empresas de Energía Eléctrica) y Eurelectric. También las reuniones con la comisaria europea de energía, Kadri Simson, y con eurodiputados «para intentar que modelen las leyes a su beneficio». Por último, las eléctricas se valen de las conocidas como *puertas giratorias*: el traspaso de gente entre las administraciones públicas y las grandes compañías aporta un conocimiento muy profundo a las últimas sobre las leyes y sus resquicios y, por otro lado, hechos como que José María Aznar acabara en Endesa tras completar la privatización de la compañía iniciada por Felipe González (el caso más conocido, aunque ni mucho menos el único) solo añaden dudas sobre la supuesta orientación al bien común de la legislación.

Al tiempo que las eléctricas ven crecer sus beneficios, muchas personas no pueden pagar recursos básicos como la electricidad. Por ejemplo, en 2022, mientras las grandes compañías batían récords de beneficios[327] (que volverían a superar, como hemos visto, en 2023) y se alcanzaban los precios de energía más altos de la historia[328], el 17,1% de los domicilios españoles no calentó su casa lo suficiente como para no pasar frío[329]. Y este porcentaje ha crecido, además, en los últimos años, pasando de situarse en la media europea en 2019 a encabezar la lista. Entre 2022 y 2023, con el objetivo de abaratar la factura y limitar los beneficios caídos del cielo de las eléctricas, el gobierno impulsó la llamada «excepción ibérica», un mecanismo que limitaba el precio del gas empleado para la generación de electricidad[330] y que finalmente fue eliminado tras el descenso de los precios. También amplió la cobertura del bono social, que cubre parte de la factura de los hogares vulnerables.

Pero cabe preguntarse si podemos confiar un tema tan crucial como la energía a la voluntad del gobierno de turno y de las grandes corporaciones. No solo por el precio de esta, sino también por los tipos de producción que se fomentan y los impactos que tienen en el entorno. En este sentido, la cascada de concesiones que caducarán en las próximas décadas abre un abanico de posibilidades interesantísimo. Aunque 30 años pueda parecer un periodo largo, la opacidad del sistema eléctrico y los tiempos propios de la burocracia hacen que nunca sea pronto para ponerse manos a la obra. Podemos empezar por pensar qué queremos, qué necesitamos y qué es mejor para los ecosistemas. Si bien es cierto que el canon hidráulico supone una fuente de ingresos, ¿equilibra eso la balanza? Recuperar el control de las presas, ya sea mediante la reversión al Estado o explorando nuevas fórmulas de control comunitario, podría, por ejemplo, permitir influir en los precios, si bien algunos expertos consideran que esto no sería así ya que, en caso de producir dentro del sistema, lo harían en los periodos en los que fuera necesaria y, por tanto, más cara[331]. Quizás haya que explorar otros sistemas en los que la lógica sea distinta. También podría reservarse una parte de la energía producida para personas en riesgo de exclusión o proyectos sociales, o destinarlo a financiar el bono social, como propone el antropólogo y escritor Ramón J. Soria Breña[332]. En cualquier caso, parece necesario replantear la duración de las concesiones para ajustarlas al escenario cambiante en el que nos encontramos y en el que las prioridades pueden ir variando. Por último, cabe preguntarse si la energía hidroeléctrica sigue siendo viable en el Estado español en el actual escenario de crisis hídrica y sopesar si no sería mejor destruir ciertas presas de las que se obtendrá poca electricidad y, a cambio, dejar fluir el agua que queda. En definitiva, se trata de anteponer otros criterios a la lógica del lucro económico de unos pocos que ha regido en el panorama eléctrico en el último siglo.

A lo largo de nuestra historia podemos encontrar algunos ejemplos inspiradores de resistencia a las centrales. Igual que ocurre en América, la población de diferentes enclaves del Estado español se ha visto —especialmente, como comentábamos, durante la época franquista, pero también más tarde— obligada a abandonar sus hogares. Pueblos enteros quedaron arrasados y en algunos casos aún asoma sobre las aguas de los embalses alguna torre aparentemente solitaria que en realidad señala la ubicación de decenas de hogares que yacen en el fondo. Una de las imágenes más evocadoras de esta realidad es la del embalse de Sau, que encierra en sus profundidades el antiguo pueblo de San Román de Sau, anegado por la construcción del embalse y cuya iglesia despunta sobre las aguas; en época de sequía, las ruinas del pueblo quedan completamente al descubierto.

Un ejemplo paradigmático es el de Jánovas, Lavelilla y Lacort[333]. La población de estos municipios oscenses fue expropiada y expulsada a la fuerza por el régimen franquista a mediados del siglo pasado para la construcción de un embalse en el río Ara. Ya en democracia, las últimas familias que resistían se vieron obligadas a marcharse. Sin embargo, la presa nunca llegó a construirse. En 2019 las familias recuperaban sus tierras y sus casas, ahora en ruinas, tras descartarse en 2001 el proyecto; sin embargo, denuncian que han tenido que pagar un precio mucho más elevado que la indemnización que recibieron por unas casas que tendrán que reconstruir desde cero[334].

Otro caso interesante es el del embalse de Itoiz, en Navarra. En 1996, ocho activistas cortaron los cables que se utilizaban para verter hormigón durante las obras de la presa. Esta gran acción de desobediencia civil supuso la paralización del proyecto durante meses, que no obstante llegaría a completarse arrasando a su paso siete pueblos. 28 años después, y tras juicios, condenas, clandestinidad y cárcel, el caso sigue abierto, ya que se exige a los implicados el pago de 2 millones de euros en concepto de responsabilidad civil. A pesar de todo, paliza por parte de la Guardia Civil incluida, uno de los implicados, Julio Villanueva, afirma que lo volverían a hacer y que valió la pena. Y es que, como afirman desde Ecologistas en Acción, la acción supuso que hasta 120 proyectos que estaban sobre la mesa se replantearan y no se llegaran a hacer[335]. Sin duda, una muestra del valor de resistir.

Como hemos visto, las hidroeléctricas tienen consecuencias nefastas tanto en el plano ecológico como a nivel humano. Estas van desde los desplazamientos forzosos hasta la pérdida de medios de subsistencia, y las resistencias a los proyectos para la construcción de represas dejan un rastro de violencia y asesinatos. Por otra parte, mucha gente no puede pagar esa electricidad cuya generación ha afectado a sus formas de vida o a las de otras poblaciones. En el ámbito ecológico, asistimos a la muerte de miembros de numerosas especies animales y vegetales y a daños en los ecosistemas como la interrupción de la recarga de acuíferos. Urge, por tanto, replantearse un sistema de muerte y violencia y el tipo de energía que queremos, así como reducir el gasto de energía global para que este tipo de centrales no sean tan necesarias, sin olvidar que mientras sigan siendo rentables para las grandes corporaciones, estas se aferrarán a ellas con uñas y dientes.

CAPÍTULO 5

La lucha por el agua potable: entre botellas y remunicipalizaciones

Nosotras tenemos los ríos para la vida, pero ellos
privatizan los ríos para el consumo.

Lolita Chávez

AGUA PARA TODAS

En algunos lugares del mundo, obtener agua potable es tan sencillo como abrir el grifo en casa. Sin embargo, millones de personas alrededor del planeta carecen de agua limpia: en 2022, 2.200 millones de personas seguían sin agua potable gestionada de manera segura; de estas, 703 millones no contaban con un servicio básico de agua. Del mismo modo, aunque ir al baño y tirar de la cadena nos pueda resultar un acto natural, en la misma fecha 3.500 millones de personas —casi la mitad de la población— carecían aún de saneamiento gestionado de manera segura; 419 millones defecaban al aire libre. Si bien hay que señalar que se han hecho grandes avances en este sentido, como se puede ver en el Informe de los Objetivos de Desarrollo Sostenible de 2023[336], las consecuencias de esta falta de infraestructuras son muy graves. En primer lugar, implica largos desplazamientos —de unas tres horas de media al día[XII]— generalmente realizados por mujeres y menores, lo que, a su vez, supone menos independencia económica y tiempo de estudio. A esto se une que la falta de agua y, por ende, higiene durante el periodo menstrual puede implicar infecciones, lo que a menudo conduce a quedarse en casa y a altas tasas de abandono escolar[337]. Asimismo, se ha constatado que, en la India, la falta de váteres en los hogares se relaciona con un alto índice de violaciones[338], si bien evidentemente este no es el único factor. Una vez más, las circunstancias se ceban especialmente con las personas leídas como mujeres. Por otra parte, la falta de saneamiento compromete el acceso a agua limpia, pues al arrastrar la lluvia los excrementos, las fuentes quedan contaminadas. La falta de agua limpia provoca la muerte de 297.000 menores de cinco años cada año debido a enfermedades diarreicas, con datos de 2019, y hasta un millón y medio de niños y niñas en total[339].

Hay que decirlo alto y claro: todo el mundo debería tener acceso a un agua en condiciones óptimas. Como derecho humano recogido por la ONU, esto se concreta en que debe ser salubre, físicamente accesible para todo el mundo, asequible y con un suministro continuado y suficiente[340]. No disponer de agua con esas características es probablemente la primera brecha en la igualdad y puede suponer la diferencia entre la vida y la muerte. Por desgracia, aparte de los avances, también puede haber retrocesos. Ya hemos visto que la contaminación de las aguas es un problema creciente, con causas que van desde el vertido de pesticidas o purines hasta la intrusión del agua del mar o la alta concentración de ciertas sustancias por sobreexplotación de los acuíferos[341]. Esto puede conllevar que fuentes de agua que eran fiables

---

XII   Recordemos que la ONU, como parte del derecho al agua, recoge que esta debe ser «accesible físicamente (la fuente debe estar a menos de 1.000 metros del hogar y su recogida no debería superar los 30 minutos)», lo cual se encuentra aún muy lejos de la realidad.

dejen de serlo. No obstante, una de las mayores amenazas a las que se enfrentan las redes de distribución de agua potable allá donde existen es la privatización.

PRIVATIZAR LA VIDA

Existe un mito muy enraizado en las sociedades capitalistas occidentales que nos dice que la gestión privada es siempre más eficiente que la pública (y, por supuesto, que cualquier fórmula al margen del Estado). Pero, ¿en qué sentido lo es? ¿Eficiente para quién, exactamente? Las experiencias en torno a la privatización de las redes de distribución de agua potable dicen algo muy diferente: ha demostrado, una y otra vez, ser ineficaz a la hora de llevar agua a las casas. Desde luego, el margen de beneficios monetarios en este tipo de negocios es altísimo, pero eso no quiere decir que el servicio prestado sea bueno. De hecho, recortar en gastos y aumentar las tarifas son dos de las estrategias empleadas para maximizar beneficios, lo cual resulta bastante incompatible con mejorar la vida de la gente. También es importante señalar que, cuando hablamos de servicios públicos, la rentabilidad no debería ser un factor prioritario. Veamos los peligros de dejar el agua en manos de intereses particulares analizando algunos casos reales.

Uno de los mejores ejemplos del fracaso de la privatización viene, cómo no, de la mano de Margaret Thatcher. Tras vender la gestión del agua del Reino Unido a compañías privadas en 1989, una de las primeras medidas que se tomaron fue cortar el agua a quienes tenían facturas pendientes; ese mismo año, los cortes por impago de una sola compañía afectaron a 11.000 personas. Tuvieron que pasar 10 años hasta que una ley prohibió estas prácticas en el país[342]. Por otra parte, en Londres y sus alrededores, la compañía privada que controla la distribución y el saneamiento es, desde las mismas fechas, Thames Water. Actualmente se encuentra al borde de la quiebra, a pesar de que, cuando fue vendida y pasó de manos públicas a privadas, no tenía deudas. Durante las últimas décadas se han priorizado los retornos a los accionistas al tiempo que no se reinvertía en sostener y mejorar las infraestructuras (la inversión ha disminuido, de hecho, un 15%), y el resultado es una deuda de 14.000 millones de libras (16.300 millones de euros) y unos dividendos para sus accionistas de 7.200 millones de libras (8.400 millones de euros). Al tiempo, la factura del agua ha subido sustancialmente, en torno a un 40%. En términos generales, las diecisiete compañías que se reparten el territorio británico deben más de 60.000 millones de libras, a pesar de haber pagado a sus accionistas unos 84.000 millones. Es importante señalar que la propiedad mayoritaria de Thames Water la tienen compañías extranjeras que van desde fondos de pensiones hasta empresas de inversión cuyos intereses, a priori, no parecen alineados con garantizar el derecho al agua[343].

Las consecuencias de la privatización no las paga solo la gente, sino también los ríos. Un informe de 2021 de la Agencia Medioambiental británica (Environment Agency, EA) achacaba parte de la culpa de que solo el 14% de los ríos británicos estén sanos ecológicamente a las empresas de aguas, que no han tratado las aguas residuales adecuadamente, emitiendo vertidos. Al final, el hecho es que destrozar una estructura vital para millones de personas y contaminar no solo sale gratis, sino que es tremendamente lucrativo. Como afirmaba en 2021 la expresidenta de la EA: «Necesitamos que los tribunales impongan multas mucho más altas. Los inversores ya no deberían ver los monopolios de agua de Inglaterra como una apuesta sin riesgo». Ante esta situación, una de las opciones que se baraja es la nacionalización (de la empresa y de la deuda), mientras Thames Water pide subir las tarifas del agua para poder hacer frente a las necesarias reinversiones que lleva tanto tiempo ignorando[344].

Otro ejemplo paradigmático es el de Chile. En este caso, la privatización en el Estado no afecta únicamente a las redes de distribución y saneamiento, sino a las propias fuentes de agua, convirtiéndolo en el único país del mundo con el agua privatizada al 100%. En otras palabras, los titulares de los derechos sobre el agua pueden disponer de las fuentes a perpetuidad. Esta normativa, vestigio de la época de Pinochet, ha llevado a una situación en la cual el 1% de los propietarios de derechos de agua concentran aproximadamente el 79% de las aguas disponibles[345]. No solo el agua no es de todo el mundo, sino que no es de casi nadie. Además, prácticamente la totalidad de la población en el Estado chileno, el 96,2%, recibe sus servicios de agua y saneamiento por parte de empresas privadas. A pesar de que son varias las empresas que se reparten el negocio[346], tras ellas se encuentran fundamentalmente tres multinacionales: la española Agbar (con un 43,8% del mercado), la canadiense Ontario Teacher's Pension Plan (36,1%) y la japonesa Marubeni (10,5%)[347].

Y, así, llegamos a uno de los grandes monstruos del agua: Agbar. Esta empresa es a su vez propiedad de la francesa Veolia, tras su absorción de la filial española de Suez en 2022[348]. Sus tentáculos son largos y se extienden desde Europa hasta Latinoamérica. En Catalunya es ya una vieja conocida y controla el 79 % del mercado (en algunos casos, a través de empresas mixtas, es decir, de colaboración público-privada), en el que solo un 22% de la población es abastecida por operadores públicos. Esto contrasta con el 55% del estado español, el 70% a nivel europeo y el 90% de suministro público a nivel mundial. Lo cierto es que en territorio catalán existen más municipios con gestión pública que privada (un 55%); no obstante, en términos de población, esto se traduce en un claro dominio del mercado, ya que está presente en las grandes ciudades[349]. Y es que las redes de distribución y saneamiento son conocidas como monopolios naturales puesto que, por los costes y la complejidad de las infraestructuras, no es viable contar con más de una red. Esto no quiere decir, claro, que las mismas empresas deban controlar las redes de diferentes municipios, provincias y Estados a lo largo y ancho del mundo, pero se trata de un negocio jugoso que no dejarán escapar fácilmente, como veremos más adelante.

Cabe señalar que Veolia y Suez son las dos mayores multinacionales del agua, con unos beneficios netos en 2022 superiores a los 1.000 millones de euros. Para hacernos una idea de lo que supone esa cifra, ese mismo año la empresa con mayores beneficios fue la compañía estatal saudí de petróleo y gas, Saudi Aramco, que obtuvo 156.400 millones de dólares, unos 143.708 millones de euros[350]. En 2023, según la lista Forbes de empresas más grandes del mundo, Veolia ocupaba el puesto 480[351].

Sin dejar de lado a Agbar, pero cruzando de nuevo el charco, llegamos a Saltillo (México). A pesar de que la empresa se enorgullece de sus avances[352], la población no piensa igual. Agbar llegó allí en el año 2000 para gestionar el agua potable y el alcantarillado a través de una empresa mixta. Desde entonces, se han sucedido los cortes de suministro (que han afectado a un 8% de la población), la falta de presión y los escapes de agua. También se denuncia el abandono de las plantas de tratamiento y los consecuentes vertidos de aguas residuales al canal. Como en el caso de Londres, la privatización del servicio supuso que la población tuviera que pagar más por el agua, hasta diez veces en este caso. Si bien puede ser cierto que una mejora en la accesibilidad fuera necesaria, claramente una vez más la privatización no ha sido la solución. En cuanto a las razones por las cuales Agbar eligió Saltillo para hacer negocios, diversos periodistas señalan que las macroempresas suelen acudir a lugares con altos niveles de corrupción y un sistema judicial débil. Así, en el caso de México existiría una gran impunidad, con solo un 2% de los crímenes investigados, que ampararía la presencia de multinacionales con malas prácticas en el país[353]. Investigar estas prácticas supone, además, un gran riesgo. Según Reporteros sin Fronteras (RSF), México se sitúa año tras año como uno de los países más peligrosos y mortíferos en los que ejercer el periodismo y es el Estado con mayor número de periodistas asesinados en la última década: 72[354].

En cuanto a las privatizaciones podemos destacar, por último y también dentro del Estado español, Bizkaia. A pesar de que en los últimos años estamos viviendo un aumento de las remunicipalizaciones, este es un ejemplo reciente de la tendencia contraria. Se trata de un caso interesante porque ejemplifica un mecanismo utilizado frecuentemente en los procesos de privatización: se deja de invertir en el servicio público para luego defender que la intervención privada es la única solución posible. En este caso, la dejadez derivó, por ejemplo, en la necesidad de llevar agua en barcos desde otras comarcas durante la sequía de 2022[355]. El Consorcio de Aguas Bilbao Bizkaia ha ido absorbiendo los consorcios con los que contaban las comarcas, siendo el último el Consorcio de Aguas de Busturialdea (CAB); esto va en contra de la Directiva marco del agua de la UE que, por el contrario, defiende que los recursos hídricos se gestionen de manera local; la centralización llevada a cabo resta soberanía a los territorios, que además pasan a depender de los recursos de otras zonas, con el impacto ecológico y económico que esto supone[356].

Aunque se han alegado «deficiencias en los medios económicos y técnicos» para avalar el desmantelamiento, Iratxe Arriola, presidenta del CAB en la legislatura anterior a su disolución (2011-2015), señala que no se trata de falta de recursos económicos (al contrario, se ha podido destinar parte del excedente a inversiones) sino de un interés por dejar en manos de las multinacionales la gestión del agua[357]. Ya se están dando pasos en esta dirección, subcontratando muchas de las tareas de gestión o construcción de infraestructuras a grandes corporaciones. Así, aunque el Consorcio es un ente público, le hace el juego al sector privado. Como señala Arriola: «Las subcontrataciones y las externalizaciones se producen muy a menudo y el Consorcio Bilbao-Bizkaia reparte millones de euros en contratos a multinacionales como Iberdrola, Acciona, Aqualia o Suez»[358]. No es la primera vez que mencionamos a la mayoría de estas empresas.

Como denuncia *Hordago-El Salto*[359], el Consorcio de Aguas Bilbao Bizkaia externalizó, en el periodo 2019-2021, más de 44 millones de euros. Entre las empresas más beneficiadas por estos contratos se encuentran Acciona Agua S. A. (que obtuvo 14 millones por gestión de saneamiento), Ferrovial (con 8,6 millones de euros por ejercer diversas funciones relacionadas con la gestión del agua) y Drace Infraestructuras, firma del grupo ACS (empresa de Florentino Pérez, expolítico y actual presidente del Real Madrid), que obtuvo aproximadamente 5 millones y medio de euros por la gestión del saneamiento de varios municipios. No hablamos de empresas cualesquiera, sino de gigantes que cotizan en el IBEX35, es decir, compañías que se encuentran entre las 35 más importantes del Estado español. Sin duda, una muestra más de lo jugoso que es el negocio del agua.

En pocas palabras, tenemos un puñado de empresas multinacionales que dominan el negocio del agua en diferentes lugares del mundo. Un negocio a costa del agua de todas del cual obtienen cuantiosos beneficios y que deja a su paso cortes de suministro, contaminación y una gestión deficiente, con escapes y baja presión, entre otros problemas.

Profundicemos en la cuestión de las tarifas. En referencia a Catalunya, desde la plataforma Aigua és vida afirman que, de media, en los modelos de gestión indirecta (mixta o privada) el agua es entre un 18 y un 23% más cara que en lugares donde la gestión es pública[360]. Aunque, por ejemplo, según datos de la OCU (Organización de Consumidores y Usuarios del Estado español) no existe correlación entre el modelo de gestión (mixto, público o privado) y las tarifas[361], los casos de privatización de los que venimos hablando sí avalan esta idea, pues en todos ellos el cambio de modelo implicó importantes subidas de precios sin siquiera mejorar el servicio, una estrategia muy sencilla para maximizar beneficios. En el caso de Saltillo (México), hablábamos de precios hasta diez veces mayores; en Londres (Reino Unido), en torno a un 40% de subida. En Cochabamba (Bolivia), las llamadas guerras del agua estallaron entre otras razones porque la empresa concesionaria subió las tarifas un 100%[362]. En cualquier caso, el hecho de que también existan altos precios y subidas injustificadas en las tarifas cuando la gestión es pública solo confirma que cambiar a este modelo no es suficiente y que hacen falta, como mínimo, fórmulas público-comunitarias con espacios donde la gente pueda defender intereses que van, por otra parte, más allá de lo puramente económico.

Así, por ejemplo, en Málaga (Estado Español) se están produciendo movilizaciones contra las subidas anunciadas por Emasa, la empresa pública que gestiona el agua. Estas, de hasta el 60%, vienen acompañadas de falta de información sobre las razones del aumento, como denuncian desde Facua, organización por la defensa de los derechos de los consumidores. Desde la plataforma también se reclama que se convoque un espacio participativo como es la Mesa del Agua y que se invierta en redes de abastecimiento, pluviales y de saneamiento obsoletas y con pérdidas, en lugar de dedicar recursos únicamente a «obras en urbanizaciones nuevas, edificaciones de lujo y zonas de la ciudad dedicadas al alojamiento en pisos turísticos», como se viene haciendo[363].

Según se defiende desde algunos sectores, las subidas pueden ser necesarias, pero no de la manera en que se han hecho hasta ahora. Por ejemplo, de acuerdo con José Damián Ruíz Sinoga, catedrático de Geografía Física de la Universidad de Málaga, las tarifas deberían organizarse en función de la renta de los usuarios y también del uso que se vaya a hacer del agua y la rentabilidad que se vaya a obtener de ella[364]. En la misma línea, Andrés Alcántara, miembro de la Unión Internacional para la Conservación de la Naturaleza, con sede en Málaga, afirma que hay que premiar a quien está concienciado y ahorra agua frente a los grandes consumidores. Y es que es lógico pensar que no va a gastar la misma cantidad de agua alguien que la emplea únicamente para sus necesidades básicas, y que apenas puede pagarla, que quien puede permitirse emplearla para el ocio (piscinas, riego de jardines...) o para hacer negocio con ella.

Por otra parte, e independientemente del modelo de gestión, la progresiva falta de agua y, sobre todo, la mala gestión que se hace del problema, como venimos viendo, están provocando que se recurra a opciones de abastecimiento más caras, lo que también provoca aumentos en las tarifas. Es el caso, por ejemplo, en Barcelona. Allí, se han empezado a emplear las desalinizadoras de manera habitual para reducir la presión sobre los ríos y acuíferos de la zona, dada la falta de lluvias de los últimos meses. Pero el agua desalinizada tiene importantes costes energéticos y ecológicos[XIII]. Aunque la Generalitat lanza mensajes en los que se enorgullece de trabajar para no «depender de la lluvia»[365], lo cierto es que estas estrategias no deberían ser más que el ultimísimo recurso.

XIII   En primer lugar, para obtener 45 litros de agua desalinizada se necesitan 100 litros de agua de mar. En segundo lugar, los costes energéticos son enormes, aunque menores que los necesarios para realizar trasvases. Por último, el vertido de las salmueras resultantes del proceso perjudica a la flora marina, por lo que es un recurso que se debe usar de forma consciente. Annelies Broekman, «Tirar del hilo de la sequía».

Lo que necesitamos urgentemente es entender que la solución pasa por reducir consumos y no por pretender mantener todo igual gracias a soluciones tecnológicas milagrosas que no existen y a la reproducción de un sistema económico injusto. De lo contrario, llegamos a *soluciones* ridículas y acríticas como autorizar el llenado de piscinas de hoteles en Andalucía, pero no las de las comunidades de vecinos[366]. O como autorizar las desaladoras privadas en Catalunya en sectores como el turístico[367] al tiempo que uno de los escenarios que se plantean de cara al verano de 2024 es que el agua deje de ser potable en Barcelona. Es decir: ni siquiera la combinación de agua procedente de embalses, acuíferos, depurada y regenerada[368] sería suficiente para alcanzar los estándares que marca la ley. Aunque, según parece, esto no implicaría una amenaza directa para la salud, sí se recomendaría no beberla o cocinar con ella[369]. Ante este escenario, ni la desalinización ni el resto de tratamientos serían probablemente suficientes, teniendo que recurrir a otras fuentes de agua y al traslado mediante barcos, por ejemplo. Pero no hay que irse *tan* lejos para sentir los impactos de la falta de agua. A finales de 2023 se anunciaba que el coste del agua subiría un 30% en 2024 en el área de Barcelona, aunque aún no está del todo claro cómo afectará a las tarifas finales, congeladas desde 2015. Se estima que las subidas sean de entre un 11,5 (unos 2,5 euros al mes por familia, de media)[370] y hasta un 28%, si bien el cambio de tarifas podría ir acompañado de un aumento de la progresividad que beneficiara a quienes menos consumen[371]. La razón principal de este aumento son los costes de la luz asociados a un mayor uso de las desalinizadoras, que el Ens d'Abastament d'Aigua Ter-Llobregat, la entidad proveedora de agua en alta (es decir, desde los lugares de captación hasta los municipios), ha repercutido a municipios y compañías suministradoras[372]. Al final, una vez más, los ecosistemas y las personas pagan los costes económicos y ecológicos de una cadena de malas decisiones. Desde

Aigua és vida se reclama que las tarifas no suban mientras las empresas en baja disfrutan de grandes márgenes de beneficio, como es el caso de Agbar, que tiene unos beneficios anuales de 20 millones de euros[373]. También proponen soluciones alternativas al uso de desaladoras, como son el aprovechamiento de recursos hídricos alternativos como el agua de lluvia y la recuperación de pozos y acuíferos[374].

RESISTENCIAS Y REMUNICIPALIZACIONES

Como es lógico, la oleada privatizadora no está exenta de resistencias. En el mundo conviven dos tendencias: la de combatir los intentos de privatización y la de remunicipalizar o comunalizar, trascendiendo lo público. Y allá donde hay un intento de apropiación de los recursos hídricos hay alguien alzando la voz, pues sin agua no hay vida.

Cochabamba (Bolivia), año 2000. La gestión de la red municipal de agua es cedida a un conglomerado de empresas formado por las estadounidenses Bechtel y Edison, la española Abengoa y las bolivianas Petrovich y Doria Medina[375], recogidas bajo el paraguas de Aguas del Tunari. Ahí empiezan las subidas, que suponían que las familias pagaran hasta el 20%[XIV] de sus ingresos[376], acompañadas de una ley que pretendía establecer concesiones a 40 años, expropiar las fuentes de agua y, aunque parezca increíble, incluso prohibir la recogida de lluvias[377]. En otras palabras: allí donde las comunidades habían llenado el hueco dejado por las instituciones públicas, estas pretendieron ceder a las empresas privadas la gestión para que las grandes corporaciones tuvieran el control del agua, de la vida. Pero ni las instituciones ni las corporaciones eran dueñas legítimas de ese bien fundamental. La población respondió

XIV Recordemos que, de acuerdo con la ONU, el coste del agua no debería superar el 3% de los ingresos del hogar.

con contundencia: bajo el lema «El agua es nuestra, carajo» y organizada en la Coordinadora de Defensa del Agua y de la Vida —órgano de discusión y decisión—, salió a la calle para reivindicar el derecho humano al agua y el rechazo a convertir el agua en una mercancía. A pesar de que la lucha se saldó con decenas de heridos y la muerte del joven Víctor Hugo Daza, se logró dar marcha atrás a la privatización. Años después, la nueva constitución recogería el derecho al agua y la definiría como bien común. Por desgracia, hoy en día el agua sigue siendo una tarea pendiente en Cochabamba, donde existe una gran escasez y las redes son ineficientes e insuficientes[378].

París (Francia), año 2010. En la otra orilla, frente a los casos de paralización de las privatizaciones, tenemos un auge de las experiencias de remunicipalización que se están produciendo desde finales del siglo pasado y principios de este. Una de ellas es la de la capital francesa, que creó su propia marca, Eau de Paris, con la premisa de anteponer la calidad y la preservación a las lógicas financieras. Recuerdo viajar allí y sorprenderme porque en bares y restaurantes siempre tenías una botella de agua del grifo sobre la mesa nada más sentarte. Agua rica y, si mal no recuerdo, gratuita, sin peleas ni reclamaciones. Las botellas, de cristal, tenían adornos bonitos, la ciudad parecía enorgullecerse de su agua. Tuvieron que pasar muchos años para que ocurriera algo similar en el Estado español, donde hace no mucho se empezó a poner de moda en hostelería el agua *km 0*: agua filtrada y no precisamente barata. Además, si bien se trata de una mejora con respecto al agua embotellada puesto que disminuyen los residuos, KMZero[379] no deja de ser una marca que cobra por sus botellas y el sistema de filtrado. Pero no nos adelantemos.

En el Estado español, uno de los mayores obstáculos a las remunicipalizaciones es que están muy condicionadas por el fin de las concesiones. Como se suele decir, se puede privatizar 365 días al año, pero remunicipalizar solo uno. Igual que ocurría con las hidroeléctricas, se trata de contratos a muy largo plazo (hasta 99 años), lo que dificulta mucho la vinculación y la lucha. Tampoco ayuda la falta de información, por lo que mapas como el elaborado por Aigua és Vida, que muestra el modelo vigente en cada municipio catalán y las fechas de fin de las concesiones, en los casos en los que existe gestión privada, son de gran utilidad[380]. A pesar de las trabas, ya se han producido 32 remunicipalizaciones en el Estado y en 150 municipios más las concesiones terminarán de aquí a 2030[381], por lo que la puerta sigue abierta.

La otra gran piedra en el zapato es que las compañías adjudicatarias se aferran con uñas y dientes a los contratos una vez que estos expiran. Solo en Catalunya, un total de 50 municipios han sufrido litigios en torno a la gestión del agua, intentando impugnar las decisiones tomadas en los plenos municipales, lo que muestra el desequilibrio de poder entre empresas y organismos públicos. Ese fue el caso de Valladolid, que ahora es un ejemplo del éxito que pueden tener las remunicipalizaciones. En 2017 finalizaba la concesión y era asumida por el ayuntamiento de la ciudad. Hasta ese momento, el contrato estaba en manos de una empresa privada, Aguas de Valladolid, que formaba parte del grupo Agbar[382]. Entonces empezaron los litigios de la compañía contra el municipio; finalmente, el consistorio vallisoletano ganó todos (un total de 11 sentencias favorables[383]) y la municipalización fue avalada judicialmente. Seis años después, los resultados económicos han sido sistemáticamente positivos, lo que ha permitido actualizar las redes de suministro y alcantarillado y las depuradoras, entre otras mejoras. Los beneficios no solo son mayores que cuando la gestión era privada, sino que se reinvierten en mayor medida[384]. Con el cambio de modelo, se calcula que había un déficit de inversión de 97 millones de euros; en cinco años de gestión pública, se han destinado más de 50 millones a mejoras. Y todo esto, sin subirle las tarifas a la ciudadanía; de hecho, estas permanecerán congeladas en 2024, a niveles de 2014[385], a pesar de las subidas que se están produciendo en otras ciudades y en contra de lo que vaticinaban los detractores de la municipalización. También se han aplicado bonificaciones a las familias que lo han necesitado. Valladolid es, sin duda, un ejemplo de que no solo se puede remunicipalizar, sino que se debe.

Terrassa es otro municipio que se ha convertido en referente a nivel mundial por su experiencia en la remunicipalización del agua. En 2016, tras 75 de concesión y al finalizar esta, se decide arrebatar el control a la empresa Mina, controlada, para sorpresa de nadie, por Agbar. Como en el caso de Valladolid, la multinacional inició una serie de litigios que se prolongaron durante dos años. Finalmente, en diciembre de 2018 se hace efectiva la transferencia[386]. Lo interesante de este caso es el papel que ha desempeñado la gente durante todo el proceso. La creación del Observatori de l'Aigua de Terrassa (OAT)[387] como órgano de participación se produjo unos meses antes de que la empresa pública, Taigua, comenzara a gestionar el servicio; la OAT y sus principios fueron aprobados en un pleno municipal. Esto permitió que se discutiera desde un inicio qué modelo se debía aplicar y cómo formar parte de él, lo que se concretó en una voluntad propositiva y no solo de fiscalización o control y en la creación de espacios de encuentro con la implicación de agentes sociales y ambientales. Les guía el lema «Se escribe agua, se lee democracia». Entre los retos actuales se encuentra la necesidad de compensar la falta de inversión durante los años en que Mina controló el agua de Terrassa. También se estudia un aumento de tarifas para hacer frente a estas mejoras en la red, aunque en términos muy distintos a los que planteó la empresa privada en su momento, ya que estaría orientado a reinvertir en el agua y se haría con la máxima transparencia, como afirman desde el OAT. Por último, son conscientes de que aún falta confianza de la población hacia Taigua; en esto toman como referente a Valladolid, donde existe un alto grado de aceptación de la nueva gestión[388].

Lamentablemente, no siempre se gana. En 2019, una sentencia del Tribunal Supremo daba la razón a Agbar, contradiciendo una sentencia anterior del Tribunal Superior de Justicia de Catalunya (TSJC)[389]. Hasta 2047 seguirá controlando, a través de la empresa mixta, el ciclo integral del agua en 23 municipios del área metropolitana de Barcelona[390]. Ya hemos visto la enorme influencia que tiene esta empresa tanto en el Estado español como en otras partes del mundo. Y no solo en el sentido de que controla gran parte de las concesiones. La compañía invierte grandes cantidades de dinero en publicidad, ofrece másteres en universidades catalanas e incluso ha impartido cursos a jueces del Consejo Superior del Poder Judicial (CSPJ)[391] lo cual es, cuando menos, llamativo. Estas estrategias ponen en entredicho una vez más la conveniencia de que una empresa privada gestione un bien básico como el agua. Muchos de estos gastos están claramente orientados únicamente a beneficiar a la propia empresa. Sin embargo, la gente los asume en sus tarifas, según se denuncia a través de dos informes elaborados por Aigua és Vida en 2013[392]. Estos costes, considerados ilegítimos por no estar asociados directamente con el servicio, ascenderían a un 56% del total de las facturas. Si bien muchos de estos gastos empresariales serían probablemente innecesarios en el caso de un modelo de gestión pública, público no equivale siempre a barato y eficiente, por lo que son necesarias fórmulas que vayan más allá e impliquen a la ciudadanía o incluso trasciendan directamente lo público, como venimos comentando.

En esta misma línea de denuncia de los peligros de la gestión privada se movía un interesante informe elaborado en 2020[393] por Léo Heller, relator especial de

Naciones Unidas para el derecho humano al agua potable y al saneamiento. El informe, apoyado por más de 100 organizaciones[394], recoge ideas muy interesantes, como que las instituciones financieras —Comisión Europea, BM, FMI— forzaron programas de privatización en Grecia y Portugal como condición para financiar el rescate económico. Esto entronca con la denuncia que hacía Vandana Shiva sobre la situación en la India, que recogíamos en el primer capítulo. También expone de forma clara que la tendencia a la entrada de fondos de inversión como accionistas y propietarios de las empresas de agua y saneamiento (como veíamos, por ejemplo, en el caso de Londres) crea una desconexión entre los intereses empresariales y los derechos humanos al agua y el saneamiento. Asimismo, destaca tres pilares sobre los que se sustentan los riesgos de la privatización para las personas, que ya hemos comentado a lo largo de este capítulo: el sector del agua y el saneamiento como monopolio natural, los desequilibrios de poder entre instituciones públicas y empresas privadas (lo que incluye falta de información y conocimientos técnicos, carencias financieras y falta de fuerza política) y la tendencia a maximizar beneficios, desoyendo las necesidades de las redes y la población. Este informe sin duda avala la necesidad de una lucha por la gestión del agua por y para las personas.

Los casos de remunicipalización expuestos son solo algunos de los ejemplos de lo que se está haciendo por el agua y de hasta dónde puede llegar la gente cuando se une por una causa común. Una interesante web, Public Futures[395], recoge muchos más casos en todo el mundo. No se trata solo de luchas relacionadas con el agua, sino también con la enseñanza, la comida, la vivienda y muchos otros derechos básicos. También se puede filtrar en función del tipo de propiedad (pública, cooperativa, comunal...), las motivaciones o las consecuencias del cambio de modelo. Es un proyecto muy inspirador que recoge casi 400 casos relacionados con el agua y está en continua construcción. Una extensa muestra que puede ayudarnos a imaginar otros mundos y otras formas de gestionar los recursos que no estén supeditados al beneficio económico.

CUANDO LAS REDES FALLAN (O LA PUBLICIDAD TRIUNFA)

Ya hemos visto lo que ocurre cuando se anteponen los intereses de unas pocas personas al derecho del resto a disponer de agua en las mejores condiciones. El hecho de priorizar el beneficio económico ante todo lo demás puede llevar, incluso, a dejar de lado zonas rurales con poca población porque no sea rentable invertir en ellas. Pero, ante la ausencia o degradación del agua y de las redes de distribución, ¿qué se puede hacer y qué se hace en la práctica? Lo cierto es que la gente siempre va a necesitar agua y hará lo que sea para conseguirla. Esto lo saben bien las compañías que comercializan agua embotellada.

El agua embotellada fue el germen de este libro. Hace algo más de diez años, cuando investigué sobre el tema por primera vez para un trabajo de la asignatura de Sociología Medioambiental, me fascinó la idea de que alguien pudiera coger un bien que estaba en la naturaleza, envasarlo y enriquecerse con su venta. Evidentemente sabía de la existencia de este producto, pero era algo tan instaurado y normalizado en mi entorno que jamás me había parado a pensar en las implicaciones: pagamos una barbaridad más de lo que nos cuesta el agua del grifo por dar 5 o 6 tragos a una botella de plástico contaminante de un agua no necesariamente más sana ni rica. Es cierto que en diez años han cambiado mucho las cosas, al menos en el Estado español, y cada vez es más habitual que la gente lleve un envase reutilizable consigo, se han dado pasos para eliminar este producto en la hostelería y existe una mayor conciencia sobre los plásticos de un solo uso en general y sobre el agua envasada en particular. Sin embargo, las campañas publicitarias han cumplido su papel a lo largo de los años y sigue siendo un producto que genera enormes beneficios económicos.

Lo más escalofriante es que hemos asumido como normal que cualquier cosa sea susceptible de ser comprada y vendida. Que nos arrebaten lo que es nuestro para luego vendérnoslo de nuevo con un lazo y un papel bonito. El agua embotellada responde a una necesidad real —beber o cocinar, generalmente—, pero todo lo demás es superfluo: no es la opción más sostenible, ni la más sana, ni la más barata, ni la más beneficiosa para la sociedad en su conjunto, sino la manera en la que las empresas pueden sacar mayores beneficios. Ni siquiera es la opción más cómoda, aunque nos hayamos acostumbrado a la idea de que las cosas de usar y tirar son la panacea. ¿No es más práctico llevar una botella encima y beber cuando queramos que tener que buscar una tienda y pagar por un producto caro solo para calmar la sed?

Por otra parte, la falta de fuentes públicas para beber[396] es sin duda un grave problema en muchas ciudades del mundo, como lo son las deficiencias en las redes de distribución y la creciente contaminación de nuestras aguas. Sin embargo, el agua embotellada no soluciona estos problemas —de hecho, los agrava— aunque sea sin duda un parche necesario en muchos entornos en los que las alternativas son plástico, agua contaminada o sed. Pero no podemos quedarnos con una solución cortoplacista que, a largo plazo, implica poner precio a la destrucción. Tampoco permitir que nos vendan este producto como lo que no es, como me pasó hace poco en un hotel en el que habían dejado una botella pequeña de cortesía, de plástico, con un cartelito que rezaba, sin ninguna ironía, «soy sostenible».

Exploremos a continuación un poco más detenidamente el negocio del agua embotellada y los mitos que lo rodean.

En el Estado español, el agua es potable en la inmensa mayoría de municipios. Está, de hecho, más controlada incluso que el agua embotellada, concretamente a través del Real Decreto 3/2023, del 10 de enero, por el que se establecen los criterios técnico-sanitarios de la calidad del agua de consumo, su control y suministro[397]. En la web de SINAC[398], el Sistema de Información Nacional de Agua de Consumo, se pueden consultar los datos actualizados sobre la calidad del agua en los diferentes municipios; además, las empresas que gestionan el agua suelen tener datos sobre sus redes[399]. A pesar de que, como hemos visto, cada vez existen más fuentes de agua contaminadas, y es un problema al que debemos prestar atención, lo cierto es que más del 99% de las aguas son aptas para beber, con datos de 2021[400] y, de hecho, de gran calidad. Sin embargo, a menudo la percepción subjetiva es mucho más importante que los datos, y el caso del agua no es una excepción. De ello se han encargado inversiones millonarias en campañas publicitarias orientadas a ensalzar las bondades del agua embotellada y, de paso, desprestigiar el agua del grifo. Y es que, por ejemplo, ¿quién se va a resistir a comprar y beber un agua que te aporta ni más ni menos que belleza, como promete un anuncio de Fontvella?[401]. El pionero fue Bruce Nevins, que en 1976 logró poner la marca Perrier en el punto de mira, pasando en cinco años de vender tres millones de botellas en EE UU a 200 millones[402].

En algunos casos, el sabor no acompaña y nos puede hacer sentir que estamos bebiendo un agua de poca calidad o no muy sana. Pero una vez más, no debemos fiarnos de las apariencias. Como afirma Mar Luna, directora de la Escuela Europea de Cata, en referencia al sabor desagradable del agua del grifo que aporta el cloro aplicado para su tratamiento: «El cloro es volátil, se irá al cabo de un rato y no interferirá en el sabor y aroma que pueda tener finalmente el agua». Sí influyen en este sabor final los minerales presentes en el agua, que además pueden aportarnos mayor sensación de quitarnos la sed. Sin embargo, estos están presentes en proporciones muy bajas, por lo que no tienen incidencia a nivel nutricional, que es otro argumento muy utilizado a favor de las aguas envasadas[403]. La temperatura también altera la percepción del sabor, por lo que la combinación de airear el agua y enfriarla puede ser clave para disipar sabores desagradables. Por otra parte, algunas catas a ciegas han mostrado que, incluso entre quienes afirman consumir agua embotellada de manera habitual por el sabor, más del 70% de las personas no son capaces de distinguir entre el agua embotellada y la de grifo. Por desgracia, esto no evita la percepción negativa, que provoca que, en ciudades como Valencia, el agua envasada sea consumida de forma masiva. Según la concejala de Valencia Elisa Valía, responsable del Ciclo Integral del Agua de la capital y presidenta de la Entidad Metropolitana de Servicios Hidráulicos (Emshi), en su ciudad: «Hay un 20% de la población que consume agua del grifo [...]; otro 15 o 20% la trata con algún tipo de filtro, y el resto consume agua embotellada, que es una cantidad brutal»[404].

Esta combinación de factores ha hecho que, en pocos años, el agua embotellada se haya convertido en un éxito de ventas. Dentro del sector de la alimentación, es el producto que más ha crecido en los últimos 50 años. Y eso que, hasta entonces, era prácticamente una desconocida[405]. Sin embargo, veamos lo que se esconde detrás de este negocio. En primer lugar, tenemos que hablar de contaminación. No es sorprendente que el impacto del agua embotellada sea mayor que el del agua de red: fabricación de botellas, envasado, transporte, reciclaje... Lo que sí impresiona son las cifras: el impacto del agua envasada sería hasta 3.500 más elevado en un escenario en el que todo el mundo optara por esta alternativa, según un estudio que tiene en cuenta las consecuencias ecológicas (generación de residuos, uso de electricidad, químicos, producción de plásticos, etc.) y sus impactos en cuanto a la pérdida de especies[406]. Si tenemos en cuenta solo la huella de carbono, esta sería unas 1.000 veces superior[407]. El problema, además, es que solo una pequeña cantidad del plástico que producimos se recicla finalmente. Aunque es difícil ver el panorama completo debido a la falta de datos, se estima que desde 1950 y a nivel mundial, solo el 6,5% de los plásticos producidos han sido reciclados, y que hoy en día este porcentaje se sitúa en el 14%[408]. Es habitual que los envases acaben en vertederos, en el mejor de los casos, o tirados en medio de la naturaleza, en el peor. Allí, como ya hemos visto, se descomponen en pequeñas partículas que llegan a todos los rincones, incluso a las entrañas de los seres vivos.

Además, las propias marcas disuaden de reutilizar sus envases, así que, en un momento en el que la Unión Europea está dando pasos para reducir los recipientes de un solo uso, ¿realmente tiene sentido mantener intacto el mercado del agua embotellada? Hablamos de más de un millón de botellas de agua vendidas cada minuto, según datos de 2020[409]. Y si te estás preguntando si no se puede optar por alternativas en auge como los tetrabricks o las latas, no parece que estas opciones sean la panacea, según Jose Ygnacio Pastor, catedrático de la UPM experto en materiales. En primer lugar, los bricks están compuestos por una combinación de cartón, aluminio y polietileno, materiales que se han de separar antes de su reciclaje, lo que hace que el proceso sea complejo. Por su parte, las latas se pueden reciclar de forma infinita pero el coste energético de hacerlo es elevado. El vidrio, por otro lado, puede ser reutilizado y reciclado sin límite, pero es ineficiente en la fase de producción[410], según el catedrático. Así pues, parece que la solución pasa, una vez más, por reducir. Y es que la botella que menos contamina es la que no se produce. Como es lógico, desde el sector defienden su utilidad. Para la secretaria general de la Asociación de Aguas Minerales de España (ANEABE), Irene Zafra, el agua embotellada y la de grifo son complementarias y la primera es necesaria, por ejemplo, en emergencias, donde es más segura o la única que hay[411]. Sin negar esto, parece algo descabellado mantener un negocio de semejantes dimensiones, que vende agua diariamente en situaciones en las que se podría evitar perfectamente su uso, justificándolo por su necesidad en situaciones puntuales. Por otra parte, ¿deberíamos dejar en manos del sector privado el abastecimiento de agua en momentos tan delicados?

Por su parte, desde la Generalitat de Catalunya se afirma que el agua que se embotella en las plantas de la comunidad procede «de captaciones a mucha profundidad que no están relacionadas con la circulación superficial del agua»[412]. Y esto sucede con la mayor parte de las aguas embotelladas. Sin embargo, los acuíferos son precisamente los almacenes más fiables que tenemos y a los que recurrimos en época de sequías, como ya hemos visto. Así pues, ¿no deberíamos defenderlos con uñas y dientes? Pues lo cierto es que este negocio parece estar esquivando las restricciones aplicadas en la comunidad, que sí afectan sin embargo al riego o a los hogares. El problema es, también, la falta de datos sobre los litros extraídos y la calidad del agua de los acuíferos[413]. Sorprende, además, el canon que pagan las embotelladoras por el agua: unos míseros 0,00021 céntimos por cada litro extraído[414]. Esto es prácticamente agua gratis, teniendo en cuenta que en las casas se pagan 0,00166 euros por litro (la media en el Estado español está en 0,00191)[415]. Y más aún, si pensamos en los precios a los que se vende después esa agua y, por tanto, el beneficio que se extrae: según la marca y el comercio, nos cuesta entre 100 y 1.000 veces más cara que el agua de casa. Para un litro de agua *barato*, entre 0,21 y 0,25€, las compañías venderían el agua 100 veces más cara de lo que la pagan. Además, el agua embotellada no ha estado exenta de polémicas en sus pocos años de andanzas. Un ejemplo es el escándalo protagonizado por Coca-Cola en Reino Unido por vender agua de grifo envasada haciéndola pasar por agua mineral[416]. Todo vale con tal de conseguir ventas. Por su parte, el completo informe del United Nations University Institute for Water, Environment and Health (UNU INWEH) recoge numerosos casos de contaminación en aguas embotelladas, lo que los lleva a concluir que estas no son necesariamente más seguras[417]. Cabe mencionar también que algunos estudios han relacionado el agua embotellada en mayor medida que el agua de grifo con la presencia de microplásticos. Aunque ya hemos visto en este libro que existe presencia de plásticos en toda el agua del planeta, las muestras de agua embotellada tendrían casi el doble de partículas por litro (10,2) que las muestras de agua del grifo (4,45)[418]. Otro estudio, esta vez con nanoplásticos (partículas de menor tamaño) afirma que la mayoría de las partículas halladas procederían de los propios envases, realizados con politereftalato de etileno (PET). Aún se deben analizar los impactos para la salud de este hallazgo, si bien se cree que los nanoplásticos son más tóxicos que los microplásticos[419]. En resumidas cuentas, y por mucho que se nos haya vendido otra cosa, en el Estado español el agua embotellada no es mejor que la del grifo.

Y, ¿qué ocurre allí donde el agua no es suficientemente segura o donde directamente no llega? Sin duda, la reivindicación principal debería ser la mejora de las redes. Como hemos visto, el impacto del agua embotellada es demasiado grande como para convertirla en una solución permanente. Además, se trata de un recurso demasiado valioso para dejar su gestión en manos privadas. Por último, el precio que nos obligan a pagar por un agua que previamente nos han arrebatado es demasiado caro. Y todo esto, por un agua que no es mejor que la que tendríamos si dispusiéramos de las redes adecuadas. Según el informe de UNU INWEH que mencionábamos antes, los factores que determinan el consumo de agua embotellada en países con rentas bajas y medias son la falta de fuentes fiables y seguras, la negligencia de los gobiernos a la hora de proveer de redes seguras, el aumento de las poblaciones no acompañado de infraestructuras hídricas y las campañas publicitarias orientadas a desacreditar el agua del grifo. En efecto, y por desgracia, en muchos países el agua embotellada es imprescindible para cubrir los huecos dejados por la falta de recursos públicos. Es el caso, por ejemplo, de México, el país en el que más agua envasada se consume por culpa de las deficiencias en la red[420]. El problema es que, en estos lugares donde aparentemente falta el agua, las empresas embotelladoras hacen al tiempo su negocio, llegando a acabar en algunos casos efectivamente con los recursos hídricos. Así, en Chiapas (México), Coca-Cola seca los pozos a cambio de migajas mientras su población se ve obligada a comprar agua envasada o incluso bebidas carbonatadas, con el consiguiente incremento de los casos de diabetes y de obesidad infantil[421]. La misma compañía ha protagonizado otros escándalos. En la India varias de sus plantas se han visto paralizadas por la oposición de la población, especialmente de las mujeres. Es el caso de la planta de Plachimada, en Kerala, a principios de los 2000[422], cuyo éxito inspiró revueltas posteriores contra otras instalaciones. Sin embargo, incluso después de esa victoria ha hecho falta que se lleguen a desecar pozos para que las autoridades tomen cartas en el asunto[423]. En Nejapa (El Salvador) esta misma compañía instaló en 1999 una planta embotelladora, La Constancia/SabMiller, que ha provocado un gran estrés hídrico en la zona. Así, los cortes de agua se suceden mientras las bebidas fluyen fuera de la fábrica[424].

◊◊◊

Es urgente acabar con los negocios del agua embotella-da y las redes de distribución privatizadas. No podemos fiar un recurso básico, quizás el más fundamental de todos, a las lógicas del lucro y el mercado. De lo contra-rio, nuestras aguas se seguirán degradando, cada vez será más costoso obtenerla y se irá convirtiendo, aún más de lo que ya es ahora en algunos lugares del mundo, en cosa de ricos. Recuperar el prestigio de las redes de distribu-ción allá donde su imagen se ha visto dañada y mejorar las infraestructuras en los lugares donde aún es una asigna-tura pendiente deben ser dos de nuestras prioridades en la lucha en defensa del agua. No podemos permitir que el agua embotellada se vea como una alternativa para el día a día. Porque esa agua que nos venden era nuestra antes de convertirse en un producto y no debemos renunciar a ella. Luchemos por que abrir el grifo, y no destapar una botella desechable, sea el acto más natural en todos los rincones del mundo.

CAPÍTULO 6

El agua como arma de guerra: el caso de Palestina

Se pierde hasta que se gana.

Mujer al borde del tiempo
Marge Piercy

Hasta el momento hemos ido haciendo un repaso de conflictos surgidos de una gestión negligente o dañina del agua, o bien de los usos privativos de esta. Es decir: primero está el agua y después el conflicto, del que surgen asociaciones, movilizaciones y represión.

Sin embargo, existe otro escenario, aquel en el que el conflicto, la guerra, es la raíz, y el agua es empleada como arma dentro de él. A continuación, exploraremos brevemente la situación de Rojava y el Sáhara Occidental para mostrar que existen conflictos abiertos en todo el mundo en los que se da esta utilización bélica del agua. Después nos detendremos en profundidad en el caso de Palestina, un genocidio que desgraciadamente está sumido en una escalada continua que parece lejos de acabar.

EL SÁHARA OCCIDENTAL

Junto con la utilización del agua como arma de guerra, las situaciones que se están dando en el Sáhara Occidental, Rojava o Palestina comparten además otros rasgos, como son el colonialismo y la dilatación en el tiempo. Creo que, aunque solo nos detengamos brevemente en los dos primeros lugares, es importante hacerlo para tener perspectiva del hecho de que, como el resto de problemas que se tratan en el libro, no son casos aislados sino parte de una misma lógica de apropiación de recursos, colonialismo y destrucción de vidas humanas y entornos naturales.

En primer lugar, hablemos del Sáhara Occidental. Este territorio fue colonia española hasta finales de los años 70, momento en el cual las tropas se retiran. Esto podría haber supuesto que la población saharaui alcanzara su autonomía. No obstante, la retirada de España es aprovechada por Marruecos para hacerse con el control de ese territorio y comenzar a explotar sus recursos[425], lo que desató un conflicto que dura hasta nuestros días. En 1960, la ONU había aprobado la Resolución 1514 (conocida como Carta Magna de la Descolonización), que reconoce el derecho a la autodeterminación de los pueblos y la soberanía sobre los recursos naturales. Más tarde, en 2008, la Resolución 63/102 reconoció la misma soberanía para los pueblos autóctonos de territorios no autónomos. Sin embargo, aunque el estatus actual —y desde 1963[426]— del Sáhara Occidental es el de territorio no autónomo pendiente de descolonización, por lo que debería tener soberanía sobre sus recursos, la situación está muy lejos se ese punto. Actualmente, Marruecos explota los fosfatos o la arena del territorio saharaui; material, por cierto, que se importa en gran medida desde España, perpetuando la explotación del territorio. También sus recursos pesqueros, si bien se espera una resolución definitiva que anule los acuerdos entre Marruecos y la UE tras varias sentencias favorables al Sáhara Occidental[427]. El Estado español, que se había mantenido neutral desde su retirada, se declaró en 2023 partidario de la propuesta marroquí[428], que implicaría una cierta autonomía para el territorio saharaui pero dentro del control de Marruecos[429], opción sin duda no satisfactoria para el Sáhara Occidental.

La situación en los campos de refugiados saharauis es alarmante[430]; a los problemas de escasez (que se tratan de solucionar de forma insatisfactoria con camiones cisterna o agua embotellada) y falta de salubridad del agua se suma un reparto inequitativo de los pocos recursos hídricos disponibles.

En su guerra contra el Sáhara Occidental y el Frente Polisario —movimiento de liberación saharaui y representante de este pueblo—, el Estado marroquí ha bombardeado y destruido camiones cisterna para el transporte de agua y pozos[431]. También ha sobreexplotado las reservas de agua subterránea de la zona mediante la colocación de numerosos invernaderos[432]. Se trata de operaciones, como veremos, muy similares a las que se dan en territorio palestino.

EL KURDISTÁN: ROJAVA

Hablemos ahora de Rojava. Se trata de uno de los territorios pertenecientes al Kurdistán, que defienden su autonomía con respecto a los Estados en los que se ubican. Concretamente, Rojava se encuentra al norte de Siria y es autónomo desde 2012. Estas regiones se organizan mediante el Confederalismo Democrático[XV], una forma de organización antiautoritaria que, en palabras de Abdullah Öcalan, su principal ideólogo, es un sistema «flexible, multicultural, antimonopólico, y orientado hacia el consenso. La ecología y el feminismo son dos de sus pilares centra-

XV   Para saber más sobre el tema se puede leer *La revolución ignorada*.
     https://descontrol.cat/?s=la+revolucion+ignorada

les»[433]. Pero el Estado turco es una de las potencias que amenazan este proyecto. Por ejemplo, ha atacado reiteradamente la estación de agua de Alouk[434], que proporciona agua a cientos de miles de personas. Además, Turquía ha construido una serie de presas que controlan el caudal de los principales ríos de la región, el Tigris y el Éufrates. Esto limita tanto la generación de electricidad como la disponibilidad de agua para agricultura, y puede tener impactos en el equilibrio ecológico y la recarga de acuíferos. Además, ha supuesto desplazamientos de población y la destrucción de patrimonio[435]. Esto se suma a que, en términos de agua, el punto de partida ya era desfavorable debido al monocultivo industrial que Siria venía implementando en la zona hasta el inicio de la revolución en Rojava[436].

La solución a corto plazo ante los ataques a infraestructuras ha sido el uso de camiones cisterna[437]. Sin embargo, a largo plazo, diversas ONG han puesto en marcha proyectos de reconstrucción que incluyen reparar estructuras destruidas en los bombardeos, excavar pozos y construir bombas de agua, sistemas cooperativos de riego o la limpieza de la rivera de los ríos[438].

LA LUCHA ETERNA DE PALESTINA

Si hablamos de Palestina, hablar de guerra o conflicto suena impreciso, especialmente a la luz de la escalada que se inició en octubre de 2023, pero también en términos históricos. Estos conceptos evocan una suerte de equilibrio o *de igualdad* entre los bandos que no se ha dado en ningún momento entre Israel y Palestina, ni en cuanto a apoyo internacional, recursos o capacidad armamentística ni en cuanto a personas muertas y heridas, daños provocados, territorios ocupados o arrebatados, etc. Desde la visión más inocente de los hechos, podríamos hablar de guerra del Estado israelí contra Palestina. Siendo más realistas, deberíamos hablar de ocupación y genocidio, si bien usaremos otros conceptos como el de conflicto por evitar repeticiones.

Escribir este capítulo se hace especialmente difícil mientras atravesamos uno de los episodios más cruentos del intento de aniquilación del pueblo palestino. Las movilizaciones se suceden en el Estado español y en todos los rincones del mundo, pero el relato mediático y los apoyos por parte de los diferentes gobiernos internacionales parecen caer fundamentalmente del lado del Estado sionista israelí. Y esto, a pesar de que estamos asistiendo a matanzas diarias en directo. A 11 de enero de 2024, en tan solo 3 meses de ataques sistemáticos, más de 23.000 personas habían sido asesinadas en Gaza, alrededor de un 0,1% de la población de la Franja, y hasta 1,9 millones de personas, más del 85% de la población, se habían visto forzadas a huir de sus hogares[439]. Al cierre de este libro menos de cuatro meses después, a finales de mayo del mismo año, el conflicto ha seguido escalando y asistimos con incredulidad a los ataques de Israel sobre los campos de Rafah que acogen a las personas que se han visto obligadas a abandonar sus hogares. Ya son más de 35.000 las personas palestinas asesinadas[440].

Sin embargo, el pasado 29 de diciembre de 2023 Sudáfrica abría una causa contra el Estado de Israel ante la Corte Internacional de Justicia (CIJ) de La Haya —el máximo tribunal de las Naciones Unidas, que decide sobre disputas entre estados— en la que lanzaba una acusación de genocidio y a la cual se han ido sumando tímidamente otros países[441]. Esta se basa en la idea de que las acciones de Israel «son de carácter genocida porque pretenden provocar la destrucción de una parte sustancial» de la población de Gaza[442]. Esto iría en contra de la Convención para la Prevención y la Sanción del Delito de Genocidio de la ONU, de 1948[443]. No obstante, la decisión se puede llegar a alargar años, mientras más palestinos y palestinas siguen siendo asesinados.

Por su parte, Chile y México habrían recurrido a la Corte Penal Internacional, tribunal de justicia internacional permanente cuya misión es juzgar a las personas acusadas de cometer crímenes de genocidio, guerra, agresión y lesa humanidad[444], creado bajo el estatuto de Roma en 1998[445]. Este estatuto, en su artículo 7, se refiere al exterminio como «la imposición intencional de condiciones de vida, entre otras, la privación del acceso a alimentos o medicinas, [...] encaminadas a causar la destrucción de parte de una población», lo cual parece evidente en el caso de Israel. Asimismo, se habla de deportación o traslado forzoso de población, entendido como «el desplazamiento forzoso de las personas afectadas, por expulsión u otros actos coactivos, de la zona en que estén legítimamente presentes, sin motivos autorizados por el derecho internacional». Por último, y por mencionar solo algunos de los puntos, el crimen de apartheid haría referencia a «los actos inhumanos [...] cometidos en el contexto de un régimen institucionalizado de opresión y dominación sistemáticas de un grupo racial sobre uno o más grupos raciales y con la intención de mantener ese régimen». Todos estos puntos parecen aplicables a lo que está ocurriendo en Palestina. En este caso, no obstante, los países denunciantes piden que se investigue tanto a Israel como a Hamás.

Las reacciones internacionales han continuado con el paso de los meses. Así, los Estados irlandés, español y noruego reconocían a finales de mayo de 2024 el Estado palestino[446]. Por otra parte, el fiscal de la Corte Penal Internacional Karim Khan habría pedido que se dictaran órdenes de detención contra Netanyahu, primer ministro israelí[447]. No obstante, estos gestos están lejos de poner fin al horror que viven las familias palestinas.

UNA BREVE HISTORIA

Analizar este conflicto es complejo, no posicionándonos en una injusta equidistancia —en este texto partimos de la base innegable de que el Estado de Israel es el culpable de la situación—, sino por la cantidad de actores implicados, el sinnúmero de etapas que se han dado, etc. Recordemos que se trata de un hostigamiento que lleva produciéndose más de 75 años, desde 1948, momento en que se produjo la creación del Estado de Israel. Por lo tanto, hacer un resumen es una tarea complicada; sin embargo, Cuellilargo lo hace de forma magistral en un vídeo de dos horas y media, *Falastin*[448], que recomiendo mucho ver si se quiere tener una mejor idea del contexto al que nos vamos a referir en las próximas líneas, ya que en este texto solo será posible dar algunas pinceladas.

En primer lugar, ¿cuál es la razón de ubicar el Estado de Israel en ese lugar y no en cualquier parte del mundo? Esta decisión tendría una justificación bíblica, ya que las tierras reclamadas por Israel habrían sido prometidas por Dios al pueblo judío para vivir libres de opresión. El problema fundamental es que el pueblo palestino, descendiente de los cananeos[XVI], habría habitado esas tierras históricamente, por lo que la vieja historia de *las tierras sin pueblo para un pueblo sin tierras* sería falsa. A finales del s. XIX se produce un estallido del antisemitismo y la persecución del pueblo judío en Europa. Es también el momento del surgimiento

---

XVI Actualmente los grupos sionistas, los poderes mediáticos y los Estados que apoyan a Israel hacen un uso interesado de la palabra antisemitismo para justificar este genocidio. En realidad, los cananeos son uno de los muchos pueblos semitas, por lo que ser antisemita sería ir también en contra del pueblo palestino.

del movimiento sionista[XVII] que, en su documento fundacional, redactado tras el pogromo[XVIII] de Kiev, afirma que no habrá emancipación sin tierra propia. A raíz de estos terribles eventos comienzan las primeras migraciones a la zona. Inicialmente, la población judía sería recibida de forma hospitalaria; no obstante, aquí empieza un proceso sistemático de compra de tierras —con el consiguiente desalojo de población árabe—, en las que no se permitirá trabajar a árabes palestinos[XIX], y que tampoco podrán alquilar. Esto es percibido como una *promesa* de dominación futura. La tensión va aumentando en la zona hasta los primeros estallidos de violencia explícita. Por otra parte, tras la Primera Guerra Mundial Palestina cae bajo control británico.

Avanzamos unos años, hasta la década de 1930. En esas fechas, la situación se precipita debido a las atrocidades del nazismo, y la población judía en Palestina se multiplica por dos, hasta alcanzar unas 370.000 personas. Entre 1936 y 1939 se dará la Revuelta árabe de Palestina, donde entre otras cosas se pide el fin de la venta de tierras, de la colonización y de la pretensión de crear un Estado israelí en tierras palestinas. La represión por parte del Mandato Británico es brutal. El informe Peel, elaborado en 1937, propondrá por primera vez la solución de los dos Estados, por entender que la reconciliación de los intereses, religión, cultura, etc. de ambas poblaciones es imposible; la propuesta otorga un

---

XVII   No deben confundirse los conceptos de antisemitismo y antisionismo. El primero hace referencia al odio o los prejuicios contra los judíos y su cultura, mientras que el antisionismo sería el rechazo al movimiento sionista, que reclama la creación del Estado de Israel y, una vez creado, su defensa y expansión. A menudo se acusa interesadamente de antisemitismo a quienes rechazan la violencia ejercida por Israel contra la población palestina.

XVIII Definido como la masacre, aceptada o promovida por el poder, de judíos y, por extensión, de otros grupos étnicos. https://dle.rae.es/pogromo?m=form

XIX   Es importante señalar que, aunque la mayoría es árabe, también existe población palestina cristiana.

70% del terreno a la población árabe y un 20% a la judía, mientras que las ciudades históricas permanecerían bajo control británico. El acuerdo es rechazado por Palestina por considerarlo ilegítimo; este otorgaba el terreno más fértil a la población judía, además de concederles un 20% del terreno para un 5-7% de la población, mientras la población árabe pasaría de tener el 90% a tener el 70% del territorio. Además, no se contemplaba la independencia con respecto a los británicos. La violencia y la expansión sionista continúan. Tras 25 años, Reino Unido comunica a la ONU su intención de acabar con el Mandato Británico. Finalmente, este duraría hasta 1948. La resolución 181 de la ONU ofrece una *solución* similar a la del informe Peel, si bien los porcentajes de territorio asignados a cada parte varían, como lo ha hecho la demografía. La Liga Árabe, conformada por países cercanos a Palestina, defiende su derecho a la libre determinación recogido en la Carta de las Naciones Unidas[449]. Sin embargo, los sionistas toman la resolución como vinculante y, antes incluso del fin del Mandato Británico, proclaman en 1948 en Tel Aviv la creación del Estado de Israel. Desde entonces, el plan de hacerse con las tierras palestinas, deshaciéndose a su paso de la población que habita en ellas, se precipita. En 1948 estalla la guerra árabe-israelí, que gana Israel y en la que se establecen las fronteras conocidas como Línea Verde (*Green Line*), que sobrepasan lo propuesto por la ONU. Tiene además como consecuencia la conocida como *Nakba* («catástrofe»), es decir, el desplazamiento forzoso de unas 700.000 personas. La población palestina aún conserva las llaves de sus casas como símbolo y ante la esperanza de poder volver algún día a sus hogares, tal como contempla la resolución 194 de la ONU. Por supuesto, Israel nunca accederá a esto, ya que la expulsión de la población palestina para adueñarse de sus tierras es precisamente su objetivo.

A partir de entonces, la historia es bien conocida: el Estado de Israel ha usado sistemáticamente excusas y estratagemas para justificar una violencia sin límites con el objetivo de hacerse con cantidades cada vez mayores de territorio. Es irónico que a menudo se emplee como excusa la violencia ejercida por Palestina (especialmente Hamás) cuando la propia historia de Israel, como hemos visto, se sostiene en el desplazamiento, la masacre y la ocupación. A partir de los años 70, Egipto empieza a acercar posiciones a Estados Unidos e Israel y firma un acuerdo con este último, mientras que Palestina pierde algunos apoyos internacionales. El acuerdo incluía que Israel abandonara Gaza y Cisjordania, cosa que no se cumple. De hecho, Egipto es el primer país árabe en reconocer el Estado de Israel. En 1988, en medio de la primera intifada (que significa «agitar» y es como se conoce a los levantamientos palestinos frente a Israel), el líder palestino Yasir Arafat proclama, mediante la Declaración de Argel, que había sido aprobada por el Consejo Nacional Palestino (el parlamento palestino), el Estado de Palestina. El Estado es reconocido por una amplia mayoría de países entre los que, desgraciadamente, no se encuentra España.

Las negociaciones de paz y los estallidos de violencia se suceden. Israel va recortando cada vez más el territorio de Palestina. Hoy, este se divide en la Franja de Gaza —conocida como la mayor prisión al aire libre del mundo, con sus fronteras militarizadas por Israel y la frontera sur con Egipto controlada por este último— y Cisjordania, un territorio fragmentado y caracterizado por la presencia de colonias israelíes. Y así llegamos a nuestros días. Israel toma los ataques de Hamás del 7 de octubre de 2023 como la enésima excusa para atacar a la población palestina e impone un bloqueo sobre Gaza. En el momento de escribir estas líneas, tras casi cuatro meses de ataques, las personas asesinadas en palestina rondan las 25.000 vidas y el conflicto parece lejos de acabar.

EL EXPOLIO DEL AGUA, LA OTRA CARA DEL GENOCIDIO

Como veremos en las próximas líneas, las razones de los ataques reiterados a Palestina son inseparables de la cuestión del agua a día de hoy. Pero, además, explican en gran parte las raíces mismas del problema, los planes expansivos desde la propia creación del Estado de Israel. Así pues, el agua es una de las razones de los inicios de la invasión: Israel carecía de los recursos hídricos necesarios para la supervivencia de su recién creado Estado, y decidió hacerse con el control de los que existían en territorio palestino. El propio David Ben-Gurion, el primer primer ministro de Israel, lo expresaba así en 1973: «Es preciso que las fuentes de agua de las que depende el futuro de esta Tierra no estén fuera de las fronteras de la futura tierra natal de los judíos. Por ello hemos reclamado siempre que la Tierra de Israel incluya la ribera sur del río Latani, la cabecera del Jordán y la región de Hauran desde las fuentes de Al-Auja al sur de Damasco»[450]. Esta estrategia acaparadora de recursos ha llevado a Israel a enfrentarse históricamente a otros territorios de su entorno, como Egipto o Siria.

Uno de los episodios más característicos de dicha estrategia se produjo en 1967, durante la llamada guerra de los Seis Días, que llevaría al Estado de Israel a hacerse con los Altos del Golán (Siria), la península del Sinaí (Egipto), Cisjordania y Gaza. Esto provocó la huida de Palestina de al menos 400.000 personas[451] y supuso la toma de control de Israel —concretamente, por parte de su ejército—, entre 1967 y 1982, sobre gran cantidad de su agua, control que perdura hasta hoy. Esto supuso, en consecuencia, la imposición de restricciones a la población palestina en el acceso al agua de su propio territorio. En 1967 una disposición militar israelí anunciaba lo siguiente: «A nadie le está permitido instalar, poseer ni administrar una instalación hidráulica (toda construcción utilizada para la extracción de recursos hídricos superficiales o subterráneos, o una planta procesadora) sin disponer de un nuevo permiso oficial. Se puede denegar una solicitud de permiso, así como revocar o modificar una licencia, sin necesidad de explicar los motivos. Las autoridades competentes están facultadas para registrar y confiscar cualquier recurso hídrico que carezca de permiso, incluso si el propietario no ha sido condenado»[452].

Y esta es precisamente una de las denuncias recurrentes casi 60 años después: tanto en Gaza como en Cisjordania existe una gran carencia de infraestructuras de todo tipo, y específicamente de las relacionadas con el agua (pozos, plantas desalinizadoras, plantas de saneamiento, etc.), lo que genera o agrava la crisis hídrica. Esto se debe, por una parte, a la destrucción provocada en actos de guerra y, por otra, a prohibiciones como la de la cita anterior, que impiden construir nuevas instalaciones o reparar las existentes. Esta última cuestión, la de los límites a la construcción y la reconstrucción, se relaciona con la idea del «doble uso» de muchos materiales, es decir, pensar que estos se podrían emplear tanto para fines militares como civiles. Israel se aferra a esta creencia para seguir asfixiando a la población palestina. La lista incluye, según un informe de 2017 del Instituto de Estudios de Seguridad Nacional de Israel, «bombas, equipos de perforación y productos químicos para la purificación del agua»[453]. Así, por ejemplo, tras los ataques de 2014 se denunció que Israel había bombardeado infraestructuras de suministro de agua tales como pozos, torres de agua y plantas de tratamiento de aguas residuales cuya reparación se vio limitada por el doble uso. UNICEF denunciaba esta misma situación recientemente: se niega la entrada a Gaza de piezas necesarias para el abastecimiento y saneamiento de agua, como generadores y tuberías de plástico[454].

GAZA

Para entender un poco mejor la situación en Palestina, hablemos de las fuentes de agua de las que disponen en la actualidad, empezando por Gaza. La Franja se abastece principalmente a través de tres vías: los acuíferos, las plantas desalinizadoras y las tuberías que conectan con Israel. Cuando estas quedan inutilizadas, solo la ayuda humanitaria puede sustituirlas, con camiones cisterna o agua embotellada. Si llega. El problema es que el agua es empleada por Israel como mecanismo de presión y sometimiento empleado contra la población palestina bien para forzar su desplazamiento fuera del territorio que el Estado ansía, bien para directamente acabar con la población logrando este mismo objetivo de *desalojar* las tierras. Es empleada como arma de guerra. De hecho, la cuestión va más allá. De acuerdo con el relator especial de la ONU Pedro Arrojo, este tipo de actos (concretamente hace referencia a los perpetrados por Israel desde octubre de 2023) serían identificables como actos de genocidio en relación con el artículo 7 del Estatuto de Roma que, como mencionábamos más arriba, entiende por exterminio «la privación del acceso a alimentos o medicinas, entre otras», lo que también incluiría la limitación en el acceso al agua[455].

Y es que otro de los grandes problemas, que se ha visto muy claramente en esta última etapa del conflicto, son los cortes en el suministro eléctrico o en el abastecimiento de combustibles impuestos por el bloqueo y por la fuerte dependencia de Palestina con respecto a Israel, que corta o abre el grifo de la electricidad, el agua y otros recursos a su antojo. Esto ha provocado que, por ejemplo, las plantas desalinizadoras de Gaza funcionen solo parcialmente[456] y también que las bombas para extraer agua de los pozos no puedan utilizarse. Las fuentes de agua alternativas, esto es, las tuberías que llegaban desde territorio israelí y los camiones cisterna, también han sido bloqueados. Como es lógico, esto está llevando a carencias inasumibles en la cantidad de agua disponible por persona, como veremos un poco más adelante.

De estas fuentes ahora secas, las tuberías suministraban el 10% del agua consumida en la Franja. Los acuíferos, por su parte, llevan tiempo siendo sobreexplotados debido a la densidad de población de Gaza y la falta de alternativas, y se estaría extrayendo más del triple del agua que se repone en ellos de manera natural[457], lo que hace peligrar su continuidad. De hecho, el 81% del agua extraída del acuífero de Gaza no cumple ya con los estándares mínimos de calidad exigidos por la OMS[458]. El peligro está en que, al tratarse de un acuífero costero, las aguas del mar se están adentrando en el almacén de agua dulce: según la ONU, la población se está viendo obligada a emplear fuentes muy salinizadas o contaminadas[459].

En cuanto a las tres plantas desalinizadoras, presentes en Gaza en sus zonas norte, centro y sur, fuentes de la UNRWA, la agencia de la ONU para los refugiados palestinos, apuntan a que estas producían 21 millones de litros de agua potable al día antes de su paralización[460]. Por su parte Monther Shoblaq, director general del Servicio de Agua de los Municipios Costeros de Gaza (CMWU), señalaba que las plantas tenían capacidad para obtener unos 36.000 metros cúbicos (36 millones de litros) de agua por día que, sumados a los suministrados por las tuberías israelíes a través de la compañía pública Mekorot, suponían el abastecimiento por parte del 40% de la población de Gaza de agua de calidad[461], siempre y cuando no hubiera cortes de electricidad, que ya eran habituales antes de la última escalada de violencia. Pero la desgracia de unos es, desafortunadamente, el beneficio de otros. Un reportaje de El Salto Diario destapa las vinculaciones entre estos grandes proyectos de desalinización en Palestina y varias empresas vasco-españolas que se lucran con el negocio de la privatización del agua. Se trata de empresas financiadas con fondos públicos, con casos de corrupción a sus espaldas y vinculadas a importantes figuras políticas[462]. Entre estas empresas destacan nombres como Sacyr o Aqualia, del grupo FCC. La trama es imposible de resumir, por lo que el artículo merece una lectura.

En lo que respecta a la distribución de agua, según datos de la OMS de 2022 se daba de la siguiente manera: el 82% de los habitantes de Gaza recibían agua a través de la distribución de camiones cisterna privados; un 13% se abastecía de grifos públicos; solo el 4% tenía agua corriente en su hogar, y el 1% necesitaba consumir agua embotellada[463]. Como vemos, las cifras bailan, lo cual es comprensible dentro de una situación tan cambiante como la que se da en territorio palestino. Y el problema es que, con el paso de los días, la población gazatí se está quedando, directamente, sin agua. Ya en 2019 Lara Contreras, responsable de incidencia de Intermón Oxfam, denunciaba que solo el 10% de la población tenía acceso a agua limpia, frente al 98% del año 2000. A principios de 2023 se hablaba de un 95% de agua contaminada en Gaza y una total dependencia con respecto a Israel[464]. Ahora, desde octubre de 2023, la situación se ha ido recrudeciendo. Por ejemplo, desde UNICEF señalaban ya en diciembre de ese año que las criaturas desplazadas, especialmente vulnerables ante la falta de agua limpia, solo disponían de entre un litro y medio y dos litros de agua al día. El mínimo estimado para la mera supervivencia estaría en tres litros[465], mientras que, como ya vimos en el primer capítulo, la OMS considera que la cantidad necesaria para satisfacer las necesidades básicas diarias se sitúa entre los 50 y los 100 litros.

Se trata de una brecha abismal que ya está teniendo consecuencias difíciles de medir. UNICEF denuncia que, debido a la falta de agua, «las autoridades ya han registrado casi 20 veces el promedio mensual de casos de diarrea entre los niños menores de cinco años, además del aumento de casos de sarna, piojos, varicela, erupciones cutáneas y más de 160.000 cuadros de infección respiratoria aguda»[466]. Una de las pocas alternativas que quedan ante esta situación es la compra de agua. Sin embargo, el precio se ha disparado. Como afirma Mahmoud Abdel Hakim, un residente de la ciudad de Gaza: «Estoy bebiendo agua contaminada porque no tengo otra opción. Ahora estoy comprando un barril de agua por 50 shekels israelíes (12,5 dólares). Antes de eso, y en el peor de los casos, pagábamos como máximo 20 shekels (5$)»[XX]. Desde Ráfah, una ciudad situada al sur de Gaza, Mouna Zaki, una madre palestina que huyó con su familia, describe una situación similar; dice que no les ha llegado agua durante 10 días y que compran agua contaminada a 200 shekels (50$) el barril[467].

El problema de la contaminación del agua tiene que ver en parte, como ya hemos visto, con la entrada de las aguas del mar Mediterráneo en el acuífero. También con la falta de mantenimiento de las plantas de saneamiento. Las cinco plantas de la Franja están paralizadas, por lo que las aguas residuales se han mezclado con el agua potable y en las calles se acumulan residuos[468]. Incluso el agua desalinizada es susceptible de contaminación fecal, debido a que cuando las plantas de saneamiento se paralizan, el agua es vertida directamente al mar[469]. Para acabar de agravar la situación, el Estado israelí está tratando de destruir la red de túneles (conocida como metro de Gaza) que surcan el territorio sitiado, con el pretexto de atacar a Hamás. El problema es que la estrategia empleada, inundarlos con agua de mar, podría contaminar aún más las reservas de agua dulce. Como afirma Danny Orbach, historiador militar de la Universidad Hebrea de Jerusalén: «Veo un problema con el agua de mar, por ejemplo. Gaza tiene una topografía muy arenosa. Eso significa que el agua de mar puede filtrarse y destruir los acuíferos, el agua potable». Por otra parte, la operación po-

---

XX   El cambio a euros es similar.

dría afectar a estructuras civiles que se encuentran situadas sobre los túneles. No es la primera vez que se realizan acciones similares. En 2013, Egipto inundó los túneles ubicados en su frontera con Gaza, supuestamente con el objetivo de detener operaciones de contrabando de armas. Para ello empleó agua salada, aguas residuales y cemento, provocando la inundación de los túneles, pero también el ascenso del agua hasta la superficie y, como consecuencia, la destrucción de cosechas, la contaminación de agua dulce y la posible propagación de enfermedades[470].

CISJORDANIA

La situación en Cisjordania, aunque igualmente insostenible, es bastante diferente. Mientras Gaza es un territorio sitiado, Cisjordania es un territorio colonizado, en el que vive tanto población palestina como colonos israelíes. Recordemos que Israel se había hecho con esta zona en busca, entre otras cosas, de recursos hídricos. En la práctica, Israel tiene el control del 60% del caudal del río Jordán a pesar de que solo el 3% de su cuenca se encuentra en territorio israelí, en palabras de Najib Abu-Warda, profesor de Relaciones Internacionales en la Universidad Complutense de Madrid[471]. Este acaparamiento no afecta solo a la población palestina, sino también a la libanesa, siria y jordana. A esto se suma el control del acuífero de Cisjordania.

Durante los Acuerdos de Oslo de 1993 y los Acuerdos de Oslo II de 1995 se fijó, entre otras cosas, el reparto del agua. Sobre el papel, los israelíes lograron el control del 80% del agua de Cisjordania y los palestinos del 20%[472]. Aunque se trataba de un acuerdo provisional, el reparto nunca fue revisado, ni siquiera a la luz del aumento de población. Esta pasó de 1,25 millones a 2,7 millones de habitantes entre 1995 y 2015, mientras que el agua disponible disminuyó de 118 millones de metros cúbicos a 87[473]. Según el grupo EWASH (Emergency Water and Sanitation-Hygiene Group), conformado por diversas ONG palestinas e internacionales y dedicado a analizar la situación en Palestina con respecto al agua, la higiene y el saneamiento, Israel tenía en 2019 acceso al 87% del acuífero y los palestinos, solo al 13%[474]. Como se desprende de estas cifras, y como ha ocurrido en tantas ocasiones, Israel no ha respetado el tratado. La situación no deja de empeorar para la población de Cisjordania.

Las diferencias en el acceso al agua entre la población palestina y la israelí son abismales. Así se denuncia, por ejemplo, desde el campo de refugiados de Aida —que se asemeja más a lo que entendemos por una ciudad[475]— situado 2 kilómetros al norte de Belén, en el centro de Cisjordania. Desde este lugar, Shada al Azza, directora de la Unidad de Medio Ambiente del Centro Lajee de Aida en ese momento, denunciaba en 2019 que tenían «menos de 40 litros per cápita por día», mientras que «los israelíes y los colonos (judíos de asentamientos en territorio palestino) disponen de más de 300 litros per cápita e incluso de 450, según datos de Israel»[476]. Otras fuentes apuntan a un consumo de 280 litros en Israel (no necesariamente en las colonias de Cisjordania), frente a una media de 75 litros en Palestina y apenas 20 en Gaza[477]. Las cifras de consumo en el lado israelí llaman la atención no solo comparándolas con las de Palestina, sino también, por ejemplo, con el consumo en España, que como comentábamos algunas páginas atrás fue, de media, de 133 litros por habitante en 2022. La situación es aún más dantesca si tenemos en cuenta que el agua se emplea en algunas ocasiones en las colonias para llenar piscinas o regar jardines mientras la población palestina no tiene suficiente para cubrir sus necesidades básicas.

Como ocurre en Gaza, en Cisjordania la reparación y construcción de infraestructuras hídricas está muy limitada y la destrucción de estas es habitual por parte del ejército israelí. Shada al Azza recuerda los disparos de los soldados contra los tanques de agua en Aida durante la segunda intifada, entre 2000 y 2005[478], y afirma que «los israelíes nunca aprueban planes palestinos para crear infraestructuras en Área C[XXI] y si detectan que se ha excavado un pozo o se han instalado cañerías o cisternas, los destruyen».

El agua para la población palestina no es solo más escasa, sino también más cara. Extraída del acuífero de Cisjordania y controlada en su mayoría por Israel, concretamente por su empresa nacional de agua, Mekorot, la compra de agua puede llegar a suponer entre un 20 y un 40% de los ingresos para la población palestina, según datos de 2023[479]. Es decir: pagan hasta 3 veces más que la población israelí por un agua que les ha sido previamente robada. Pero el lucro gracias al agua robada por parte del Estado de Israel no acaba ahí. Durante años, las campañas de boicot, desinversiones y sanciones (BDS) estuvieron muy centradas en una empresa de agua embotellada, Eden Springs o Agua Eden, por su explotación de las aguas arrebatadas a Siria en los Altos del Golán en 1967 durante la guerra de los Seis Días[480]. Aunque la pista sobre la conexión de la empresa con Israel se va diluyendo con las sucesivas fusiones, la web de Mey Eden[481] (la rama israelí de este enorme conglomerado del agua) deja claros tanto el hecho de que explota los recursos hídricos de los Altos del Golán como su pertenencia a Primo Water Corporation y sus negocios en Europa. Por su parte, en la web podemos ver que Agua Eden, empresa española, forma parte de Primo Water Corporation, «con una presencia líder en volumen en la industria de la entrega a domicilio y oficinas en Norteamérica, Europa e Israel»[482].

XXI   El área C es una de las zonas en las que se divide Cisjordania, ocupada por Israel y plagada de colonias israelíes. Las zonas A y B conservan algo más de autonomía y son controladas por la Autoridad Nacional Palestina (ANP).

Primo[483] era conocida hasta 2020 como Cott, que adquirió Eden Springs en 2016.

Cabe mencionar que, en la edición de Eurovisión de 2024, la representante israelí —porque sí, incluso en medio del despliegue de violencia del Estado, se les permitió participar y lavar su imagen— fue una cantante llamada Edén Golán. Imposible no acordarse de la marca Edén que ha expoliado el agua de los Altos del Golán. Si su nombre es casualidad o no, lo desconozco, pero desde luego enviarla al festival parece una provocación más. A pesar de la situación y de los gestos de rechazo por parte de otros concursantes —el cantante sueco, de ascendencia palestina, se ató un pañuelo palestino en la muñeca y su actuación finalmente no fue emitida en los canales oficiales, mientras que Bambie Thug, le representante de Irlanda, se vio obligade a eliminar de su cuerpo los mensajes de apoyo a Palestina—, Israel obtuvo el quinto puesto en el certamen.

El boicot a los productos israelíes se ha utilizado durante años como medida de presión, tanto hacia empresas de Israel como hacia aquellas que colaboran de alguna manera para sostener el genocidio. A través de las reacciones de las empresas boicoteadas se ha puesto de manifiesto que ese tipo de acciones realmente tienen un impacto[484]. Puedes encontrar más información sobre este movimiento en la web www.porpalestina.org[485], en la del Movimiento BDS[486] o a través de la aplicación No Thanks[487], que permite escanear productos y descubrir si forman parte de alguna campaña de boicot.

◊◊◊

Acabamos este capítulo con la amargura que supone adentrarse en las situaciones de pueblos oprimidos hasta el exterminio. Convencidas de que, en última instancia, no habrá paz duradera que no pase por la liberación total de los territorios palestino, saharahui y kurdo. Pueblos que, por desgracia, nos llevan enseñando durante demasiado tiempo el significado de las palabras resiliencia y resistencia. Estas masacres, conflictos desiguales, son resultado de una idea voraz y utilitarista de los territorios y sus recursos que hunde sus raíces en los totalitarismos y el colonialismo europeo, ahora encarnado también por Estados Unidos, Turquía o Marruecos en los casos que nos atañen.

Con la perspectiva de que en los años que vendrán la disponibilidad de agua potable en muchos territorios del mundo va a disminuir sustancialmente, es importante que entendamos lo que supone su uso como arma de guerra. En contextos de escasez y crisis de recursos, la lógica capitalista no tiene ni tendrá ningún reparo en utilizar el bien más básico y esencial para sembrar el caos, la muerte y generar daños irreparables a pueblos enteros.

Rescatar de la insignificancia mediática la situación y lucha de los pueblos palestino, saharaui y kurdo es tan necesario desde la perspectiva solidaria de la lucha internacionalista como para tomar consciencia de los fatídicos resultados de la privatización de los recursos básicos y lo que los estados militaristas son capaces de hacer con esos recursos.

Conclusiones

> La historia de un arroyo, incluso la de aquel que nace y
> se pierde en el musgo, es la historia del infinito.
>
> *Elisée Reclus*

Escribo estas líneas finales mientras el agua se estrella con furia contra los cristales de las ventanas del salón. Parece que las precipitaciones de las últimas semanas están dando algo de tregua a los embalses catalanes, aunque la situación sigue siendo grave. Y es que, como hemos visto a lo largo de estas páginas, la lluvia no lo es todo.

Nos hemos empeñado en dominar la naturaleza, en subyugarla a nuestros deseos, olvidando que, aunque solo sea desde el egoísmo, nuestro principal interés debería ser conservarla, pues formamos parte de ella. Y, así, la lluvia no es suficiente para rellenar unos acuíferos y embalses sobreexplotados. La lluvia desaparece durante meses en algunas regiones del mundo, obligando a la gente a elegir entre comprar agua embotellada o morir de sed. La lluvia arrecia en otros lugares del planeta, causando terribles inundaciones. Y, allí donde hay agua en la cantidad justa, a menudo está contaminada o es inaccesible para un gran porcentaje de la población.

Puede parecer que la minería, la agricultura o la generación de electricidad poco tienen que ver unas con otras, pero lo cierto es que tienen un elemento en común: son actividades que no podrían darse sin agua disponible en cantidad y, además, están sujetas en la mayor parte del mundo a lógicas de mercado. El objetivo de este libro era mostrar cómo hechos aparentemente inconexos y diseminados por los diferentes rincones de la Tierra forman parte de un proceso de apropiación de un recurso fundamental como es el agua por parte de unas pocas personas que concentran demasiado poder. Espero haberlo logrado.

Soy consciente de que el tono empleado hasta ahora en estas páginas puede resultar desalentador. Por desgracia, no he tenido que hurgar en las profundidades de internet para dar con la mayoría de las tendencias que se analizan en el libro. Son, cada vez más, temas que están presentes en nuestro día a día. Hacer un diagnóstico sobre la situación global del agua es, necesariamente, descorazonador. Sin embargo, no creo que tenga que ser un ejercicio de pesimismo. Como decía Angela Davis en la edición de la Fira Literal de 2024: «La esperanza no es una emoción producida por aquello que es posible conseguir, sino que se trata de una disciplina. Me encanta esta idea de la esperanza como disciplina, porque nos hace entender que nuestra responsabilidad está también en generar esperanza». Desde luego, jamás me habría sentado a escribir este libro si no creyera que hay esperanza. Si no fuera porque confío en que este libro será una modesta aportación para dar a conocer los desafíos que se presentan ante nosotros si queremos disponer de agua limpia y abundante en el futuro y, así, poder hacerles frente.

He creído importante no solo entender cuáles son los retos, sino también señalar a los culpables. Como dice el grupo Mafalda: «No me lo invento, no son prejuicios. Mi odio hacía ellos tiene nombres y apellidos». Luchar contra un enemigo abstracto es mucho más complicado.

A lo largo de los capítulos anteriores he tratado de dar algunas pinceladas de resistencias o alternativas a la lógica mercantilizadora que rige los usos del agua.Una lógica que antepone el lucro al derecho al acceso al agua y los intereses de unas pocas personas y empresas privadas —que se valen de estrategias genocidas, etnocidas y ecocidas para lograr sus metas económicas— al bienestar del resto del mundo. Estos ejemplos ponen en entredicho la idea misma de que comprar y vender agua sea legítimo. Sin embargo, no querría cerrar este libro sin hacer un poco más de hincapié en las partes más luminosas de la situación, en los horizontes que se abren, en los mundos utópicos que se adivinan más allá. No me gustaría que estas páginas sirvieran para que nos regodeemos en nuestra desgracia. Más bien lo contrario, espero que sirvan como una herramienta más en la lucha por recuperar o crear fórmulas de gestión comunitaria del agua, para devolver su propio equilibrio a los ecosistemas, para imponer una nueva visión en la que la vida esté por delante, muy por delante, de las lógicas de apropiación, destrucción y lucro capitalistas.

Así que apartemos a un lado el análisis y dejémonos llevar por la imaginación. En realidad, esta puede parecer a priori la parte más difícil. El bombardeo al que nos someten los medios de comunicación, la publicidad o los productos culturales nos dice que este es el mejor de los mundos o, aún peor, el único posible. Pero me niego a creerlo. Tomemos algunos ejemplos históricos o actuales para figurarnos cómo podrían ser las cosas. Esto puede ser un buen incentivo para la imaginación, la imaginación en positivo que tan difícil parece estimular. Pero permitámonos, también, imaginar escenarios inéditos. Ni siquiera importa si los creemos viables o no.

Desde un pequeño velero en altamar vislumbro la costa. No hay grandes edificios de hormigón, solo algunas casas dispersas que se camuflan entre la vegetación. Las aguas bullen de vida; la extinción por causas humanas se ha detenido y el rewilding ha hecho que descubramos nuevas especies que ahora campan a sus anchas por estos espacios renaturalizados. Gran parte de la culpa la tienen las aguas que fluyen limpias por ríos, mares y lagos. El tratamiento de residuos es cada vez más sofisticado y los vertidos de aguas negras son impensables.

Me parece interesante tomar como punto de partida la dicotomía entre cultura de muerte y cultura de vida que menciona Yayo Herrero en referencia a la obra de Vandana Shiva[488]. La nuestra es una cultura que hace negocio con la guerra, con el expolio de otros pueblos, con la destrucción de ecosistemas y la extinción de especies. Con la contaminación y el agotamiento del agua. En contraposición, tendríamos la cultura de vida. Una cultura que protege, que cuida, que crea vida. Nuestra sociedad mira a los cuidados como una carga, pero a mí me gusta pensarlos como algo liberador, como dice una preciosa serie de carteles de la Impremta Col·lectiva de Can Batlló[489]. Nos necesitamos unas a otras y necesitamos la tierra que pisamos. Pero no es una mera cuestión de necesidad. Lo bueno de la vida está precisamente en la interdependencia. Así que la primera gran propuesta para hacer frente a los desafíos del agua sería transitar hacia esa nueva cultura. Pensemos que agua es vida en un sentido muy literal. Que los cuerpos están formados mayoritariamente por ella. En nuestro planeta, la vida surgió en el agua y es aún el medio en el que viven un sinnúmero de especies. Cuidar del agua nos hace libres.

¿Qué otras herramientas nos pueden servir para avanzar hacia un mundo donde el agua esté disponible en cantidad suficiente para todas? Necesitamos huir de las posturas reactivas. Cuando nos encontramos en situaciones de crisis o de catástrofe, es fácil que la lucha por sobrevivir o conseguir cubrir las necesidades básicas hagan que todo lo demás quede en un segundo plano. Pero sobrevivir no es suficiente. Necesitamos llenarnos de ejemplos positivos que estimulen nuestra imaginación para crear escenarios mejores a los que aspirar. Si se empeñan en crear un mundo gris y sin vida, no podemos contentarnos con frenar la destrucción: nuestra propuesta ha de ser no solo impedir que la vida se destruya, sino conservarla y crearla. Restaurar (ecosistemas), recuperar (la fertilidad de los suelos), reparar (infraestructuras comunitarias) y reponer (el agua de los acuíferos sobreexplotados). Todas estas acciones son sin duda necesarias y pueden crear nuevos puestos de trabajo más agradables y satisfactorios. Pero debemos permitirnos pensar más allá y crear.

Pienso en levantar el asfalto y reducir el tráfico en las ciudades al tiempo que favorecemos el retorno del agua al subsuelo con terrenos más permeables. En crear bancos de semillas para huertos comunitarios regados mediante sistemas que aprovechen al máximo el agua, alejándonos de los monocultivos depredadores de agua. Y en cultivar frutas y verduras que cocinemos en grandes comedores comunitarios. Y en no volver a comer de tupper. Así, disminuirían el desperdicio alimentario, el uso de plástico o los cultivos para piensos, reduciendo con todo ello el gasto de agua. Y aumentando, de paso, el tejido social y la soberanía alimentaria y optimizando el número de horas dedicadas a cocinar. Pienso en que el paripé del baño de Macron en el Sena[XXII] sea impensable, no porque los políticos dediquen más tiempo a hacer que a aparentar, sino porque las aguas contaminadas de un río, mar o cualquier otra masa de agua sean en sí mismas inconcebibles. Imagino un mundo en el que no gastemos más agua de la que tenemos. En que no comprometamos el agua de mañana por un uso egoísta e irresponsable hoy. En que el agua sirva, primero, para mantener la vida, y luego venga todo lo demás.

XXII El objetivo fue demostrar que, tras dedicar muchos recursos a sanear el río, sus aguas son aptas para realizar en ellas pruebas olímpicas.

En que Doñana nunca vuelva a estar seca, porque cultivar alimentos que no están adaptados al clima de la región sea cosa del pasado.

Una vez tenemos claro que queremos hacer algo por mejorar la situación en lo relativo al agua, a veces puede parecer complicado intervenir. ¿Qué puedo hacer yo ante las grandes empresas mineras, embotelladoras, eléctricas o ganaderas? ¿Cómo hacemos que disminuya el consumo de agua más allá de cerrar el grifo mientras nos lavamos los dientes? ¿Cómo evitamos la contaminación de nuestros ríos, acuíferos, lagos o mares? Es fácil sentir que empequeñecemos ante semejantes retos. Vivimos en un mundo interconectado, y no solo en términos de globalización, sino también en el sentido de que la atmósfera y los océanos conectan unos puntos y otros del planeta haciendo que lo que sucede en una punta del globo impacte en la otra. En este sentido, cuando pensamos en la crisis hídrica o en la crisis climática, el reto al que nos enfrentamos puede parecer inabordable sin una coordinación y unas estructuras centralizadas como las que despliegan los Estados. Al fin y al cabo, aunque una comunidad hiciera las cosas bien, los efectos de las prácticas negativas de las demás se sentirían también allí. Esto puede verse ya en puntos del sur global que sufren los peores efectos —inundaciones, sequías, contaminación...— del tren de vida occidental que emite GEI y exporta desechos externalizando sus miserias. Por eso considero especialmente importante tener ejemplos que se salgan de los márgenes del sistema. Esa será otra de nuestras herramientas.

Muchos de los casos que hemos ido analizando remiten a cambios legislativos o bien a transformaciones empresariales. Es lógico, pues el Estado y el Mercado configuran una gran parte de las estructuras de nuestras sociedades. Sin embargo, también existen ejemplos de levantamiento espontáneo de la gente o de organizaciones que se han dado al margen de los gobiernos. Aportar ejemplos en esta línea —casos que son explícita o implícitamente libertarios— abre un horizonte de posibilidades que puede ayudar a nuestra imaginación a ir incluso más allá. Por ejemplo, en China se ha estudiado una compleja red de tuberías de agua fabricadas en cerámica que fue construida y mantenida al margen de una estructura central de poder; en las excavaciones se han encontrado pocos indicios de jerarquía social[490]. Así, durante el neolítico, los habitantes de Pingliangtai habrían sido capaces de mantener comunitariamente un sistema que requería un importante nivel de coordinación y planificación, lo que refuta la idea de que la complejidad, en este caso en la gestión del agua, va necesariamente ligada a formas de poder centralizado como son los Estados.

Tampoco hemos de desdeñar el poder transformador de los proyectos a pequeña escala. No hay nada más inspirador que ver que algo se pone en práctica y funciona, y si esperamos a tener la fuerza suficiente para hacer grandes cambios tal vez nunca hagamos nada. Hay que empezar por algún lado; el contagiar a otros con nuestras propuestas y coordinarnos puede venir después. Pienso por ejemplo en las acampadas universitarias que han surgido en apoyo a Gaza. Empezaron en un lugar, sí, pero se han ido propagando por todo el mundo y en diversos centros del Estado español han cosechado éxitos, logrando que se rompieran las relaciones académicas con Israel.

Como se menciona en *La anarquía funciona*, Holanda también fue capaz de hacer frente a un gran reto en torno al agua: evitar las inundaciones causadas por la ubicación de gran parte de su territorio en zonas por debajo del nivel del mar. Ocurrió en los siglos XII y XIII y, a pesar de las dificultades de comunicación de la época, fueron capaces de coordinar pueblos y comunidades alejadas entre sí para asegurar el mantenimiento de diques, canales, compuertas y sistemas de drenaje en beneficio del conjunto de la sociedad.

En realidad, la gestión comunitaria de los bienes ha sido una constante a lo largo de la historia y sigue siendo una forma extendida de organización. Porque sí, aunque se nos venda que más allá de la propiedad privada solo existe el sálvese quien pueda y acabar con los Estados solo conduce al caos, lo cierto es que existen casos exitosos de propiedad colectiva. Por ejemplo, Vandana Shiva nos cuenta en *Las guerras del agua* un caso similar a los de China y Holanda, pero algo más reciente. En la India, las aguas se gestionaban de manera colectiva previamente a la llegada de los británicos. Mediante un sistema llamado *kudimaramath* (autorreparación), una parte de la cosecha de grano se destinaba al mantenimiento de los comunales o las infraestructuras de la comarca. La Compañía de la India Oriental acabó con este sistema a base de apropiarse de una parte de la cosecha y descuidar las obras comunes, empobreciendo al campesinado. Más tarde, el gobierno británico trataría de recuperar el sistema tradicional mediante una ley, pero esta fracasó puesto que su éxito se basaba en la autogestión y no en la imposición de normas coercitivas. Ignorar sistemáticamente el saber tradicional como si este fuera necesariamente menos avanzado lleva a un empeoramiento de la vida. Shiva remarca que, aunque cada vez se encuentran más desplazados por los poderes económicos y estatales, los sistemas comunales no son cosa del pasado.

En Colombia, más de 20.000 organizaciones velan por el acceso al agua de 14 millones de personas que habitan en zonas rurales. A través de los Acueductos Comunitarios, organizan los recursos hídricos basándose en las lógicas del autoabastecimiento y la autogestión. Si bien se implicaron en un inicio en la defensa del agua como bien público, su propuesta fue rechazada en el congreso colombiano. Tras esto, pasó a exigirse una ley propia que garantice el respeto de la organización comunitaria del agua[491].

Sueño con un mundo en el que hayamos abolido el capitalismo. En el que el agua no se pueda comprar ni vender. En el que todo el mundo tenga acceso a agua gratuita, limpia, suficiente y cercana. Imagino que los desiertos infestados de ropa nueva con la etiqueta aún puesta han quedado atrás. Ahora las prendas tienen un sencillo sistema para ampliarlas o achicarlas según cambias de talla. Están hechas para durar. La moda sigue existiendo como arte y forma de expresarnos, pero no está sometida a las lógicas del usar y tirar ni a la tiranía de la imagen perfecta. Ahora existen roperos comunitarios donde puedes dejar las prendas que ya no usas o elegir unas más especiales para alguna celebración, que antaño se usaban una única vez y se olvidaban en un cajón. ¡Cuánta agua se ahorra fabricando menos ropa!

No es cuestión de avasallar con ejemplos, así que sigamos buscando herramientas. Sin duda, otra de las claves para avanzar hacia una nueva cultura de la vida y del agua es la participación. Y, con ella, la transparencia. No se trata, desde luego, de que todo el mundo participe, puesto que no todo el mundo tiene los mismos intereses. La cuestión es poder participar. Y no solo porque existan los espacios para hacerlo. Es fundamental que la información esté disponible y sea accesible. De nada vale que haya mucha documentación a nuestro alcance si no hay quien la entienda. También es fundamental el tiempo. Necesitamos ritmos de vida que dejen espacio a la participación. Tener fuerzas al final del día para otra cosa que no sea arrojarnos a las fauces del sofá. Trabajar menos horas al día, menos días a la semana, tener más vacaciones o poder disfrutar de un año sabático facilitaría sin duda una mayor implicación en la organización de nuestras sociedades.

Salir, reunirnos, conocernos. Después de 5 años en el mismo edificio me sigo encontrando vecinas de toda la vida a las que no conozco y me encantaría que no fuera así. Podemos empezar por reconvertir las azoteas de los edificios en huertos comunitarios que aprovechen la lluvia y ahorren agua a través de cultivos hidropónicos; en que los paneles solares convivan con las personas en espacios compartidos donde comentemos propuestas que se nos han ocurrido soñando despiertas durante ese tiempo extra de ocio que ahora tendremos. Y es que, aunque yo estoy haciendo este ejercicio en solitario —amenizada, eso sí, por las patadas que mi criatura le da a un pequeño piano de juguete—, lo cierto es que pensando en común surgen más y mejores ideas, como demuestra la experiencia de las Asambleas Ciudadanas. Por último, es necesario que seamos conscientes de la capacidad que tenemos para cambiar las cosas. La democracia representativa nos ha hecho creer que nuestro papel en la sociedad se limita a votar cada 4 años (algo menos cuando los políticos se empeñan en no ponerse de acuerdo). Pero somos capaces de mucho más si nos juntamos y nos permitimos imaginar otros mundos.

Imagino que cae un chaparrón y que bailo bajo la lluvia sin preocuparme por estar 8 horas encerrada en una oficina con los calcetines mojados. Imagino un mundo en el que hay fuentes de agua potable en cada esquina, que se reparan inmediatamente cuando se estropean y que nunca están cerradas por sequía. En el que vender agua ya no es un negocio seguro porque nadie necesita comprarla. Un mundo con fuentes ornamentales que son a su vez piscinas públicas.

Creo que fragmentar las luchas en pequeños retos puede servir para fomentar la acción y no paralizarnos ante la inmensidad del desafío. Aun así, no debemos perder de vista la imagen global. Las luchas por el agua no son luchas aisladas con un elemento común. La clave está en la conceptualización misma del agua: debemos alejarnos de la definición utilitarista y entender que si nos damos la mano somos más fuertes. La preservación del agua es un fin en sí mismo. La lucha contra las hidroeléctricas, en defensa de las redes de distribución, la oposición al agua embotellada y en apoyo a los pueblos expoliados, la batalla por el acceso equitativo al agua, no supeditado a la clase social, y a favor de unos acuíferos limpios y plenos es la misma lucha.

Los ecosistemas y el agua no nos pertenecen. Podemos disfrutar de ellos, pero debemos autoimponernos la condición de cuidarlos. Me parece muy inspirador rescatar, de mano del pueblo lakota, la concepción del río como un pariente no humano. Como tal, no tiene dueño ni puede ser alienado como propiedad. Además, debe ser protegido ante amenazas como la contaminación y, en última instancia, la muerte. De forma similar, el pueblo ngarrindjeri considera que el río tiene espíritu. Aunque tratar de trasladar esa concepción del agua como algo vivo a nuestras sociedades sea forzado, sí es interesante remarcar que los ecosistemas son una entidad que no tiene por qué estar subordinada a los seres humanos. Esta perspectiva ha ido adquiriendo fuerza en los últimos años a través del concepto de «derechos de la naturaleza». Luis Lloredo[492] explica que, a través de normas de distinto rango —constituciones, leyes, sentencias judiciales u ordenanzas municipales— se pueden atribuir derechos a entidades naturales como montañas, ríos, bosques o lagunas. Es el caso del Mar Menor, que a través de una iniciativa legislativa popular (ILP) obtuvo el reconocimiento como entidad jurídica. Para Lloredo, estos derechos son una forma de justicia ante una situación de violencia. Porque sí: contaminar y malgastar el agua son formas de violencia. Atribuir derechos a ríos, mares y lagos es una forma de rechazar esa violencia en pos de la cultura de la vida de la que hablábamos antes.

Somos muchas más las personas que necesitamos el agua para vivir que las que quieren agua para lucrarse. Debemos hacernos las preguntas correctas: no se trata de quién tiene dinero para pagar el agua que previamente se nos ha arrebatado, sino de qué usos son prioritarios y legítimos.

Recordemos que muchas cosas parecen imposibles hasta que suceden. Creo que recuperar el agua de todas es una de ellas.

Y a ti, ¿qué otras ideas se te ocurren para romper con la lógica de mercantilización del agua?

....

....

....

....

....

....

....

....

....

Av jîyan e

Mni wiconi

El agua es vida

◊◊◊

Notas de referencia

1 Manuel Planelles y Rodrigo Silva, «La crisis climática lleva al planeta al verano más caluroso jamás registrado», *El País*, 2 de septiembre de 2023, sec. Clima y Medio Ambiente, https://elpais.com/clima-y-medio-ambiente/2023-09-02/la-crisis-climatica-lleva-al-planeta-al-verano-mas-caluroso-jamas-registrado.html

2 Juan Bordera, Antonio Turiel, y Fernando Valladares, «Manual contra el negacionismo climático en la década axial», *CTXT*, 16 de julio de 2023, https://ctxt.es/es/20230701/Firmas/43502/Juan-Bordera-Fernando-Valladares-Antonio-Turiel-cambio-climatico-negacionismo-crisis-ecologica.htm?utm_campaign=twitter

3 @AEMET_Esp, «El cambio climático antropogénico hace más probables estos récords de altas temperaturas en zonas amplias, como es la España peninsular.», *Twitter* (blog), 10 de agosto de 2023, https://twitter.com/aemet_Esp/status/1689683718812704770

4 Elisenda Pallarés, «El océano arde: la temperatura de su superficie ha sido récord en julio», *La Marea*, 8 de agosto de 2023, sec. Climática, https://www.climatica.lamarea.com/oceano-arde-temperatura-record/

5 Manuel Planelles y Rodrigo Silva, «La crisis climática lleva al planeta al verano más caluroso jamás registrado».

6 Juan F. Samaniego, «Kate Marvel: "¿Podemos acabar con el cambio climático? No. ¿Podemos evitar los peores efectos? Sin duda"», *La Marea*, 14 de agosto de 2023, sec. Climática, https://www.climatica.lamarea.com/entrevista-kate-marvel-cambio-climatico/

7 Allen, M.R, O.P. Dube, W., y Solecki, F., «Special Report: Global Warming of 1.5 ºC» (ipcc, 2018), https://www.ipcc.ch/sr15/chapter/chapter-1/

8 «El Acuerdo de París», Naciones Unidas, s. f., https://www.un.org/es/climatechange/paris-agreement. «El Acuerdo de París», Naciones Unidas, s. f., https://www.un.org/es/climatechange/paris-agreement.

9 Miguel Ángel Criado, «El deshielo sorprendió a los polluelos de pingüino emperador: "Los datos apuntan a que no sobrevivieron"», *El País*, 26 de agosto de 2023, sec. Ciencia/Materia, https://elpais.com/ciencia/2023-08-26/el-deshielo-sorprendio-a-los-polluelos-de-pinguino-emperador-los-datos-apuntan-a-que-no-sobrevivieron.html

10 «Los glaciares de los Alpes desaparecen a un ritmo récord tras las olas de calor», *El País*, 26 de julio de 2022, sec. Cambio climático, https://elpais.com/videos/2022-07-26/video-los-glaciares-de-los-alpes-desaparecen-a-un-ritmo-record-tras-las-olas-de-calor.html.

11 VV. AA., «IPCC WGII Sixth Assessment Report», 1 de octubre de 2021, https://www.ipcc.ch/report/ar6/wg2/downloads/report/IPCC_AR6_WGII_FinalDraft_Chapter04.pdf

12 WMO, «Water-related hazards dominate disasters in the past 50 years», *World Meteorological Organization* (blog), 23 de julio de 2021, https://wmo.int/news/media-centre/water-related-hazards-dominate-disasters-past-50-years

13 Andreu Escrivà García, «Bonanza climática... ¿Para quién?», *El País*, 2 de septiembre de 2023, sec. Comunidad Valenciana, https://elpais.com/espana/comunidad-valenciana/2023-09-02/bonanza-climatica-para-quien.html

14 *WMO*, «Water-related hazards dominate disasters in the past 50 years».

15 Copernicus es el Programa de Observación de la Tierra de la Unión Europea. Ofrece servicios de información basados en datos de observación de la Tierra por satélite y en datos in situ (no espaciales). https://www.copernicus.eu/es/sobre-copernicus

16 Raúl Rejón, «No es calor normal de verano: julio de 2023 se convierte en el mes más caluroso jamás medido en la Tierra», 27 de julio de 2023, https://www.eldiario.es/sociedad/no-calor-normal-verano-julio-2023-convierte-mes-caluroso-medido-tierra_1_10412274.html

17 World Weather Attribution es una colaboración de varias instituciones con el objetivo de analizar los fenómenos meteorológicos extremos. https://www.worldweatherattribution.org/

18 Raúl Rejón, «No es calor normal de verano: julio de 2023 se convierte en el mes más caluroso jamás medido en la Tierra».

19 Juan F. Samaniego, «Kate Marvel: "¿Podemos acabar con el cambio climático? No. ¿Podemos evitar los peores efectos? Sin duda"».

20 Alex McKechnie, «Not Just the Koch Brothers: New Drexel Study Reveals Funders Behind the Climate Change Denial Effort», *Drexel News,* 20 de diciembre de 2013, https://drexel.edu/news/archive/2013/december/climate-change

21 Aaron Thierry, «How to Defeat the Fossil Goliath?», *Films for Action* (blog), 21 de septiembre de 2022.

22 Julia Mosquera Ramil, «Ansiedad, rabia, culpa: así impacta el cambio climático en nuestras emociones», 2 de julio de 2023, sec. *Ideas*, https://elpais.com/ideas/2023-07-02/ansiedad-rabia-culpa-asi-impacta-el-cambio-climatico-en-nuestras-emociones.html

23 Ajit Niranjan, «Anger is most powerful emotion by far for spurring climate action, study finds», *The Guardian*, 21 de agosto de 2023, sec. Environmental activism, https://www.theguardian.com/environment/2023/aug/21/anger-is-most-powerful-emotion-by-far-for-spurring-climate-action-study-finds?ref=upstract.com

24 Rebecca Solnit, «Ten ways to confront the climate crisis without losing hope», *The Guardian,* 18 de noviembre de 2021, https://www.theguardian.com/environment/2021/nov/18/ten-ways-confront-climate-crisis-without-losing-hope-rebecca-solnit-reconstruction-after-covid

25 Rebecca Solnit.

26 Andreas Malm, *Cómo dinamitar un oleoducto: nuevas luchas en un mundo en llamas*, Primera edición: febrero de 2022 (Madrid: Errata Naturae Editores, 2022).

27 Aaron Thierry, «How to Defeat the Fossil Goliath?».

28 Ramón Fernández Durán y Adrián Almazán Gómez, *El antropoceno: la expansión del capitalismo global choca con la biosfera,* 2a ed., revisada (Barcelona: Virus Editorial, 2022).

29 Ramón Fernández Durán y Adrián Almazán Gómez.

30 Javier Peláez y Antonio Martínez Ron, «Antropoceno», Catástrofe Ultravioleta, accedido 9 de septiembre de 2023, http://catastrofeultravioleta.com/antropoceno/

31 Se trata de un equipo internacional que trabajó desde 2009 con el objetivo de determinar si el Antropoceno es o no una época geológica. Más información en: http://quaternary.stratigraphy.org/working-groups/anthropocene/

32 Javier Peláez y Antonio Martínez Ron, «Antropoceno».

33 Este comité es la Subcomisión de Estratigrafía del Cuaternario de la Unión Internacional de Ciencias Geológicas (uicg).

34 Manuel Ansede, «Polémica con el Antropoceno: la humanidad todavía no sabe en qué época geológica vive», *El País,* 5 de marzo de 2024, https://elpais.com/ciencia/2024-03-05/polemica-con-el-antropoceno-la-humanidad-todavia-no-sabe-en-que-epoca-geologica-vive.html

35 Andrés Actis, «Yayo Herrero: "Algunos sectores progresistas tienen miedo de hablar de la gravedad de la crisis ecosocial por la pérdida de votos"», *La Política Online,* 28 de octubre de 2022, España edición, https://www.lapoliticaonline.com/espana/entrevista-es/algunos-sectores-progresistas-tienen-miedo-de-hablar-de-la-gravedad-de-la-crisis-ecosocial-por-la-perdida-de-votos/

36 Jorge Riechmann Fernández, «Unas pocas observaciones sobre "colapsismo"», *Tratar de comprender, tratar de ayudar* (blog), 11 de octubre de 2022, http://tratarde.org/unas-pocas-observaciones-sobre-colapsismo/

37 Redacción El Salto, «La humanidad ya ha consumido un planeta este año», *El Salto,* 2 de agosto de 2023, https://www.elsaltodiario.com/cambio-climatico/dia-sobrecapacidad-humanidad-consumido-planeta

38 Ramón Fernández Durán y Adrián Almazán Gómez, *El antropoceno.*

39 «About Earth Overshoot Day», *Earth Overshoot Day,* s. f., https://www.overshootday.org/about-earth-overshoot-day/

40 Somos Chueca, «El Orgullo Crítico recorrerá hoy las calles del centro por un Orgullo no mercantilizado», *eldiario.es,* 28 de junio de 2018, https://www.eldiario.es/madrid/somos/chueca/el-orgullo-critico-recorrera-hoy-las-calles-del-centro-por-un-orgullo-no-mercantilizado_1_6419760.html

41 Redacción, «Vertedero de ropa en Atacama: el inmenso "basurero del mundo" en el desierto de Chile», *bbc News Mundo,* 26 de enero de 2022, https://www.bbc.com/mundo/noticias-america-latina-60130419

42 Greenpeace International, «Biggest Plastic Polluter named Sponsor for cop27 – Greenpeace Reaction», 30 de septiembre de 2022, https://www.greenpeace.org/international/press-release/55960/coca-cola-biggest-plastic-polluter-sponsor-cop27-greenpeace-reaction/

43 Nathaniel Rugh y Marcel Llavero Pasquina, «Desacreditando los créditos de carbono», *ctxt,* 30 de agosto de 2023, https://ctxt.es/es/20230801/

Firmas/43864/greenwashing-marcel-llavero-nathaniel-rugh-the-ecologist-cre-ditos-carbono-compensaciones-fraude.htm

44   «Carta de Principios de la Economía Solidaria», *El portal de la economía solidaria*, s. f., https://www.economiasolidaria.org/carta-de-princi-pios-de-la-economia-solidaria/

45   «Las mujeres trabajan en España 34 días gratis en este 2022», UGT, 28 de noviembre de 2022, https://ugt.es/las-mujeres-trabajan-en-espana-34-dias-gratis-en-este-2022

46   «Horas semanales dedicadas a actividades de cuidados y tareas del hogar. España y UE-28. 2016.» (INE, s. f.), https://www.ine.es/jaxi/Tabla.htm?path=/t00/muje-res_hombres/tablas_1/l0/&file=ctf03002.px

47   José Ramón Pérez, «Las mujeres dedican 780 horas más al año que los hombres al trabajo doméstico y al cuidado de menores. La pandemia ha propiciado una mayor implicación de los hombres en el trabajo no», *Newtral*, 2 de marzo de 2023, https://www.newtral.es/desigualdad-genero-horas-trabajadas/20230302/

48   La gran dimisión o gran renuncia es una dimisión laboral generalizada que comenzó en Estados Unidos en julio de 2020, tras la pandemia de COVID-19, cuando millones de estadounidenses insatisfechos con su trabajo o su salario renunciaron a él. Fuente: Wikipedia. https://es.wikipedia.org/wiki/Gran_dimi-si%C3%B3n

49   María Novo, «La vida cotidiana en el antropoceno», *CTXT*, 15 de diciembre de 2020, https://ctxt.es/es/20201201/Firmas/34440/Maria-Novo-Futuro-alter-nativo-vida-antropoceno-crisis-cambio.htm

50   Tejer la vida en verde y violeta. Vínculos entre ecologismo y feminismo (Madrid: Ecologistas en Acción, 2008).

51   Carlos Madrid, «Yayo Herrero: "Estamos educando a las nuevas generaciones en contra de su propia supervivencia"», *Ethic*, 14 de agosto de 2023, https://ethic.es/2023/08/entrevista-yayo-herrero-decrecimiento-cambio-climatico-supervi-vencia/

52   Andrés Actis, «Yayo Herrero: "Algunos sectores progresistas tienen miedo de ha-blar de la gravedad de la crisis ecosocial por la pérdida de votos"».

53   Andrés Actis.

54   «Una España más segura y justa ante el Cambio Climático. ¿Cómo lo hacemos?» (Asamblea Ciudadana para el Clima, s. f.), https://asambleaciudadanadelcambio-climatico.es/recomendaciones/

55   Asambleas similares han tenido lugar hasta la fecha también en Francia, Irlanda, Reino Unido, Suecia y Escocia.

56   Mélanie Valle Detry, «Asamblea Ciudadana para el Clima (España 2021-2022)», *Un Mundo Mejor*, 2022, https://www.yumpu.com/es/document/read/67922649/fanzine-un-mundo-mejor-n3

57   María Novo, «La vida cotidiana en el antropoceno».

58   Javier Egea, «Amar en tiempos del Zelda», *La vida que vendrá*, 21 de mayo de 2023, https://lavidaquevendra.substack.com/p/la-vida-que-vendra-7-amar-en-tiempos

59   La Escalera: cómo construir una comunidad de vecinos y vecinas, guía práctica | Indaga https://indaga.org/la-escalera-construir-comunidad-vecinos-madrd/

60   «La falta de impuestos a la aviación provoca pérdidas millonarias para España», *Climática*, 12 de julio de 2023, https://www.climatica.lamarea.com/exencion-impuestos-aviacion-espana/

61   Eduardo Gudynas, «Extractivismos: el concepto, sus expresiones y sus múltiples violencias», *papeles de Relaciones Ecosociales y Cambio Global*, 2018.

62   «Horacio Machado Aráoz: no hay capitalismo sin extractivismo», *Observatorio Plurinacional de Aguas*, 18 de enero de 2022, https://oplas.org/sitio/2022/01/18/horacio-machado-araoz-no-hay-capitalismo-sin-extractivismo/

63   «IV. El Banco Mundial, la OMC y el control empresarial sobre el agua», en *Las guerras del agua: contaminación, privatización y negocio*, de Vandana Shiva, 1a. ed (Barcelona: Icaria, 2004).

64   Jorge Riechmann Fernández, «Unas pocas observaciones sobre "colapsismo"».

65   «Ecuador dice 'sí' a detener la explotación petrolera del Parque Nacional Yasuní», *Climática*, 21 de agosto de 2023, https://www.climatica.lamarea.com/votacion-ecuador-yasuni/

66   «Ecuador desoye voto mayoritario contra extracción en Yasuní», dw, 23 de agosto de 2023, https://www.dw.com/es/ecuador-desoye-voto-mayoritario-contra-extracci%C3%B3n-petrolera-en-yasun%C3%AD/a-66617057

67   «Who we are», *Fridays For Future*, s. f., https://fridaysforfuture.org/what-we-do/who-we-are/

68   «Juventud Por El Clima», s. f., https://juventudxclima.es/

69   «juventudxclima», Instagram (blog), s. f., https://www.instagram.com/p/CrDu-VY2q68c/

70   «Contra el mantra de las generaciones futuras», en Contra la sostenibilidad: por qué el desarrollo sostenible no salvará el mundo, de Andreu Escrivà (Barcelona: Arpa, 2023).

71   Nuestra historia es el futuro: la lucha siux contra el oleoducto Dakota Access y la larga tradición de resistencia indígena, Primera edición: noviembre de 2021 (Iruñea-Pamplona: Katakrak Liburuak, 2021).

72   Nuestra historia es el futuro: la lucha siux contra el oleoducto Dakota Access y la larga tradición de resistencia indígena.

73   Naciones Unidas, «Agua», s. f., https://www.un.org/es/global-issues/water

74   Vandana Shiva, *Las guerras del agua: contaminación, privatización y negocio*, p. 32, 1a. ed (Barcelona: Icaria, 2004).

75   «Comercializar agua en el mercado de futuros de Wall Street viola los derechos humanos básicos», *Nueva Tribuna*, 13 de diciembre de 2020, https://www.nuevatribuna.es/articulo/sostenibilidad/comercializar-agua-mercado-futuros-wall-street-viola-derechos-humanos-basicos/20201213175102182299.html

76   «La contaminación del aire provoca la muerte de al menos 1.200 menores en Europa al año», *El Salto*, s. f., sec. Medioambiente, https://www.elsaltodiario.com/

medioambiente/contaminacion-del-aire-provoca-muerte-al-menos-1200-ni-nos-europa

77   Canarias Ahora, «La calima saharian que pasa por Canarias y llega hasta los Pirineos transporta elementos radioactivos», *eldiario.es*, 12 de agosto de 2023, https://www.eldiario.es/canariasahora/sociedad/calima-sahariana-pasa-ca-narias-llega-pirineos-transporta-elementos-radioactivos_1_10443227.html

78   Marcos Lema, «El 20% más rico se lleva el triple de ayudas públicas que el 20% más pobre», *El Confidencial*, 25 de diciembre de 2022, https://www.elconfidencial.com/economia/2022-12-25/mas-ricos-reciben-mas-ayudas-pu-blicas_3540795/

79   «La máscara de la muerte roja», en *Radicalizado*, de Cory Doctorow (Madrid: Capitán Swing, 2022), https://capitanswing.com/libros/radicalizado/

80   «Vivos Global Shelter Network», s. f., https://www.terravivos.com/

81   Douglas Rushkoff, «The super-rich 'preppers' planning to save themselves from the apocalypse», *The Guardian*, 4 de septiembre de 2022, https://www.theguardian.com/news/2022/sep/04/super-rich-prepper-bunkers-apocalyp-se-survival-richest-rushkoff

82   Elon Musk, «Making Humans a Multi-Planetary Species», *New Space* Volu-me 5, n.o Issue 2 (1 de enero de 2017), https://www.liebertpub.com/doi/pdf/10.1089/space.2017.29009.emu. Traducción: «La historia se va a bifurcar en dos direcciones. Una opción es quedarnos en la Tierra para siempre, y en algún momento se producirá nuestra extinción. La alternativa es convertirnos una civilización espacial y una especie multiplanetaria, que espero que estéis de acuerdo en que es lo correcto».

83   Sobre las tensiones entre destruir y conservar, entre habitar y mercantilizar y sobre cómo afectaría nuestra historia a una posible colonización de Marte, es interesante la lectura de la trilogía de Marte, de Kim Stanley Robinson.

84   «Futurs ecofeministes. Vandana Shiva conversa amb Yayo Herrero», *Literal*, 26 de mayo de 2024, https://www.youtube.com/watch?v=Pl9VYOWHTss

85   Yúbal Fernández, «Elon Musk explica su plan para que puedas viajar a Marte por sólo 200.000 dólares», *Xataka*, 16 de junio de 2017, https://www.xataka.com/espacio/elon-musk-publica-los-detalles-de-su-plan-para-enviar-al-hombre-a-marte

86   «Agua en la Luna: la nasa confirma la existencia de agua en la superficie ilumi-nada del satélite de la Tierra», *BBC News Mundo*, 26 de octubre de 2020, https://www.bbc.com/mundo/noticias-54697135

87   Jorge Manrique, Coplas por la muerte de su padre, 1460.

88   Sumar, «Un programa por ti. Programa Elecciones Generales 23 de julio de 2023», s. f., https://www.elnacional.cat/uploads/s1/42/76/05/69/programa-electo-ral-sumar-eleccions-generals-yolanda-diaz.pdf

89   Arturo Elosegui, «España no necesita más embalses, sino una mejor gestión del agua», entrevistado por Gumersindo Lafuente, *Los valores éticos del agua* (eldia-rio.es en papel), #40, junio de 2023.

90   Arturo Elosegui.

91   Ana Tudela y Antonio Delgado, «Así dañó España sus reservas futuras de agua», *Los valores éticos del agua* (eldiario.es en papel), #40, junio de 2023.

92   Néstor Cenizo, «Agua radiactiva en los grifos, el problema inesperado de la sequía en Andalucía», *eldiario.es,* 31 de enero de 2024, https://www.eldiario.es/andalucia/agua-radiactiva-grifos-problema-inesperado-sequia-andalucia_1_10878358.html

93   Annelies Broekman, «Tirar del hilo de la sequía», Opcions, primavera/verano de 2023.

94   Santiago Martín Barajas, «La expansión del regadío nos está llevando al colapso hídrico», Los valores éticos del agua (eldiario.es en papel), #40, junio de 2023.

95   Gumersindo Lafuente, «Nuria Hernández-Mora: "El agua es un bien público y tiene que gestionarse con equidad, transparencia y participación, no con criterios de mercado"», *eldiario.es*, junio de 2023.

96   «El consumo de agua divide España: en el sur hasta el 80% se destina a agricultura y en el norte menos del 25%», *laSexta Clave*, 21 de abril de 2023, sec. Desigualdad territorial, https://www.lasexta.com/programas/lasexta-clave/consumo-agua-divide-espana-sur-80-destina-agricultura-norte-menos-25_202304216442e1b67adfa80001c5d997.html

97   Dante Maschio Gastelaars, «Agua: ¿negocio o bien común?», Opcions, primavera/verano de 2023.

98   «El consumo de agua divide España: en el sur hasta el 80% se destina a agricultura y en el norte menos del 25%».

99   «PERTE de digitalización del ciclo del agua», Memoria descriptiva (Gobierno de España, marzo de 2022), https://www.lamoncloa.gob.es/consejodeministros/resumenes/Documents/2022/220322-PERTE_agua_memoria.pdf

100 Arturo Elosegui, «España no necesita más embalses, sino una mejor gestión del agua».

101 «El agua te necesita», s. f., https://elaguatenecesita.com/

102 Andrés Actis, «"Dúchate en 3 minutos": Moreno pone el foco en el consumo doméstico mientras expande regadíos y resorts de golf», *La Política Online*, 16 de agosto de 2023, sec. Andalucía, https://www.lapoliticaonline.com/espana/politica-es/duchate-en-3-minutos-moreno-pone-el-foco-en-el-consumo-domestico-mientras-expande-regadios-y-resorts-de-golf/

103 Dante Maschio, "Quien vote PP y Vox estará votando unas políticas hídricas que nos llevarán a una quiebra mayor del sistema", entrevistado por Siscu Baiges, *Catalunya Plural*, 21 de julio de 2023, https://catalunyaplural.cat/es/dante-maschio-quien-vote-pp-y-vox-estara-votando-unas-politicas-hidricas-que-nos-llevaran-a-una-quiebra-mayor-del-sistema/

104 Instituto Nacional de Estadística (INE), «Estadística sobre el Suministro y Saneamiento del Agua. Año 2020», 27 de julio de 2022, https://www.ine.es/prensa/essa_2020.pdf

105 Dante Maschio, "Quien vote PP y Vox estará votando unas políticas hídricas que nos llevarán a una quiebra mayor del sistema".

106   «Portal de la sequera. Dades de consum», s. f., https://sequera.gencat.cat/ca/estat-actual/dades-consum/

107   Manel Riu, «De Baqueira a Badia del Vallès: el mapa del consum d'aigua de Catalunya», *Crític*, 8 de junio de 2023, https://www.elcritic.cat/dades/de-baqueira-a-badia-del-valles-el-mapa-del-consum-daigua-de-catalunya-163962

108   Manel Riu.

109   «Cantabria y Baleares, únicas autonomías con más turistas que residentes en verano», *eldiario.es*, 12 de septiembre de 2023, Cantabria edición, https://www.eldiario.es/cantabria/cantabristas-alerta-cantabria-baleares-son-unicas-autonomias-turistas-residentes-verano_1_10507009.html

110   «Nou Barris», s. f., https://www.aiguesdebarcelona.cat/es/el-agua-en-tu-ciudad/tu-barrio-ciudad/nou-barris

111   «Ciutat Vella», s. f., https://www.aiguesdebarcelona.cat/es/el-agua-en-tu-ciudad/tu-barrio-ciudad/ciutat-vella

112   Dante Maschio, "Quien vote PP y Vox estará votando unas políticas hídricas que nos llevarán a una quiebra mayor del sistema".

113   Dante Maschio.

114   Elisa Savelli, Maurizio Mazzoleni, y Giuliano Di Baldassarre, «Urban water crises driven by elites' unsustainable consumption», *Nature Sustainability*, n.o 6 (10 de abril de 2023): 929-40.

115   Raúl Rejón, «No es (solo) la sequía: cómo hemos llegado a los cortes en el grifo del agua», *eldiario.es*, 16 de agosto de 2022, sec. Crisis climática, https://www.eldiario.es/sociedad/no-sequia-hemos-llegado-cortes-grifo-agua_1_9247114.html

116   Elisa Savelli, Maurizio Mazzoleni, y Giuliano Di Baldassarre, «Urban water crises driven by elites' unsustainable consumption».

117   «Portal de la sequera. Preguntes freqüents», s. f., https://sequera.gencat.cat/ca/la-sequera/preguntes-frequeents/index.html#faq-quanta-aigua-hi-ha-disponible-a-cada-municipi-durant-els-escenaris-de-sequera--de-quants-litres-per-habitant-i-dia-es-disposa

118   «Cataluña ya sanciona saltarse el consumo limitado de agua: casi 500 municipios están en situación de alerta», *rtve*, 7 de agosto de 2023, https://www.rtve.es/noticias/20230807/cataluna-sequia-multas/2453598.shtml#:~:text=Casi%20500%20est%C3%A1n%20en%20situaci%C3%B3n,euros%20en%20casos%20muy%20graves

119   Elena Freixa, «Multas de hasta 3.000 euros a los vecinos que gasten más agua de la permitida», *Ara*, 11 de octubre de 2023, https://es.ara.cat/sociedad/medio-ambiente/multas-3-000-euros-vecinos-gasten-agua-permitida_1_4826005.html

120   Rodrigo Marinas y Carlos Garfella Palmer, «Hasta 700 litros por persona al día en plena sequía: estos son los pueblos catalanes que incumplen los límites de consumo de agua», *El País*, 21 de junio de 2023, https://elpais.com/espana/catalunya/2023-06-21/hasta-700-litros-por-persona-al-dia-en-plena-sequia-

estos-son-los-pueblos-catalanes-que-incumplen-los-limites-de-consumo-de-agua.html

121 «Cataluña ya sanciona saltarse el consumo limitado de agua: casi 500 municipios están en situación de alerta».

122 Europa Press, «Multa millonaria a Neymar por construir un lago artificial sin autorización en Brasil», *Público*, 4 de julio de 2023, https://www.publico.es/deportes/multa-millonaria-neymar-construir-lago-artificial-autorizacion-brasil.html

123 Sergio Murillo, «La Justicia brasileña perdona a Neymar», As, 5 de octubre de 2023, sec. *Tikitakas*, https://as.com/tikitakas/la-justicia-brasilena-perdona-a-neymar-n/#tbl-em-lnwyh8cij1yfdk0l078

124 *Statista*, «Ranking de países con más campos de golf en Europa en 2020», 2023, https://es.statista.com/estadisticas/859945/paises-con-mas-campos-de-golf-en-europa/

125 Andrés Actis, «La mayor concentración de campos de golf de Europa en la región más seca del continente: "Es insostenible"», *La Política Online*, 21 de abril de 2023, sec. Andalucía, https://www.lapoliticaonline.com/espana/politica-es/la-mayor-concentracion-de-campos-de-golf-de-europa-en-la-region-mas-seca-del-continente-es-insostenible/

126 Aristóteles Moreno, «Los 109 campos de golf de Andalucía consumen el agua equivalente a más de un millón de personas en plena sequía», *Público*, 29 de agosto de 2022, https://www.publico.es/sociedad/109-campos-golf-andalucia-consumen-agua-equivalente-millon-personas-plena-sequia.html?utm_source=twitter&utm_medium=social&utm_campaign=web

127 Aristóteles Moreno.

128 «El seprona sella en Lorca 14 pozos ilegales que sustraían agua para regar un campo de golf», *El Lorquino*, 20 de junio de 2023, sec. Lorca, https://el-lorquino.com/2023/06/20/region-de-murcia/lorca/el-seprona-sella-en-lorca-14-pozos-ilegales-que-sustraian-agua-para-regar-un-campo-de-golf/160733/

130 @FuturoVegetal, «Saboteamos 10 campos de golf simultáneamente», Twitter (blog), 2 de julio de 2023, https://twitter.com/FuturoVegetal/status/1675437597219508224?t=lZBH-Tmb8PQw2XRRTvmuWw&s=35

131 @Arran_jovent, «Als rics ni gota! Sabotegem diversos camps de golf amb les companyes de @XRBarcelona», Twitter (blog), 3 de julio de 2023, https://twitter.com/Arran_jovent/status/1675762486287429633?t=y_qh5OBNurzxryOh3KqtHw&s=35

132 «Ecologistas denuncian el abuso del agua para producir nieve en Sierra Nevada», *Diario de Granada*, 11 de marzo de 2022, https://diariodegranada.es/ecologistas-nieve-artificial-sierra-nevada/

133 Susana Sarrión, «Denuncian una extracción ilegal de agua de la Laguna de las Yeguas en el Parque Nacional de Sierra Nevada», *El Salto*, 26 de septiembre de 2023, sec. Andalucía, https://www.elsaltodiario.com/cumbre-social-granada/denuncian-extraccion-ilegal-agua-parque-nacional-sierra-nevada

134 Javier Herrero y María José Polo, «Evaposublimation from the snow in the Mediterranean mountains of Sierra Nevada (Spain)», *The Cryosphere* 10, n.o 6 (6 de diciembre de 2016): 2981-98

135 Michele Catanzaro, «Esquí y calentamiento: no basta con los cañones de nieve», *El Periódico*, 16 de septiembre de 2023, https://www.elperiodico.com/es/sociedad/20230916/esqui-calentamiento-basta-canones-nieve-91979340

136 Marc Montlleó, Gustavo Rodríguez, y Nuno Tavares, «Els reptes ambientals del turisme a la ciutat de Barcelona», *Papers*, n.o 62 (octubre de 2019): 102-19

137 Patricia Castán, «Los hoteleros analizan el consumo de agua del turista y afirman que gasta poco más que un barcelonés», *El Periódico*, 11 de mayo de 2023, https://www.elperiodico.com/es/barcelona/20230511/hoteleros-barcelona-actualizan-estudio-consumo-agua-turista-dicen-gasta-similar-ciudadanos-87198970

138 David Saurí, «Turisme: com més "qualitat", més consum d'aigua», *La Directa*, 17 de julio de 2023, sec. Decreixement, https://directa.cat/turisme-com-mes-qualitat-mes-consum-daigua/

139 David Saurí.

140 ACN, «La Generalitat recula y permitirá llenar piscinas municipales y comunitarias a pesar de la sequía», *eldiario.es*, 4 de abril de 2023, https://www.eldiario.es/catalunya/generalitat-recula-permitira-llenar-piscinas-municipales-comunitarias-pesar-sequia_1_10096611.html

141 *vv. aa.*, «Propostes per a fer front a la sequera i escassetat d'aigua a Catalunya», junio de 2023, https://www.aiguaesvida.org/propostes-fer-front-sequera/

142 Josep Catà Figuls y Rodrigo Marinas, «La sequía da alas a la turismofobia en Cataluña», *El País*, 10 de abril de 2023, https://elpais.com/espana/cataluna/2023-04-10/la-sequia-da-alas-a-la-turismofobia-en-cataluna.html

143 Marta Rodríguez y Camilo S. Baquero, «El norte de la Costa Brava entra en la fase más extrema de restricciones por sequía», *El País*, 19 de septiembre de 2023, https://elpais.com/espana/catalunya/2023-09-19/el-norte-de-la-costa-brava-entra-en-la-fase-mas-extrema-de-restricciones-por-sequia.html

144 «El empleo turístico subió un 5,4% en el mes de diciembre y 2023 acaba con el mayor número de afiliados de la serie histórica» (Ministerio de Indistria y Turismo de España, 18 de enero de 2024), https://www.mintur.gob.es/es-es/GabinetePrensa/NotasPrensa/2024/Paginas/afiliacion-turismo-datos-diciembre.aspx

145 «*@Botquebota*», Twitter (blog), s. f., https://twitter.com/Botquebota

146 *Roger Palà*, «Quins complexos turístics i d'oci poden extreure més aigua?», 7 de febrero de 2024, https://www.elcritic.cat/investigacio/quins-complexos-turistics-i-camps-de-golf-poden-extreure-mes-aigua-191478

147 Luis Benvenuty, «Barcelona alimentará sus cisternas con el agua de la ducha», *La Vanguardia*, 2 de marzo de 2024, https://www.lavanguardia.com/natural/sequia/20240301/9532410/barcelona-alimentara-cisternas-agua-ducha.html

148 ¿Por qué hay agua en los ríos cuando no llueve?, 2016, https://www.youtube.com/watch?v=yoGej-9EPtA

149 ¿Por qué hay agua en los ríos cuando no llueve?

150 Som aigua, «Esgotament de les aigües subterrànies», s. f., https://somaigua.cat/esgotament-de-les-aigues-subterranies/

151 Santi Donaire, «Veneno», *5w*, 2023.

152 Cristina Postigo Rebollo et al., «La huella química de los humanos en la Antártida», *The Conversation*, 24 de julio de 2023, sec. Medioambiente + Energía, https://theconversation.com/la-huella-quimica-de-los-humanos-en-la-antartida-206520?s=35

153 Ministerio para la Transición Ecológica y el Reto Demográfico, «PFAS: los químicos eternos», 2022, https://www.miteco.gob.es/es/calidad-y-evaluacion-ambiental/formacion/jornada_pfas_2022.html

154 Cristina Alonso Pascual, «El agua de lluvia no es segura para el consumo en ningún lugar del mundo, según un estudio», *Newtral*, 26 de septiembre de 2022, https://www.newtral.es/agua-lluvia-contaminada-potable/20220926/

155 Ministerio para la Transición Ecológica y el Reto Demográfico, «PFAS: los químicos eternos», 2022, https://www.miteco.gob.es/content/dam/miteco/es/calidad-y-evaluacion-ambiental/formacion/jornadapfas_tcm30-538901.pdf

156 Sandee LaMotte, «Así puedes reducir los PFAS, químicos potencialmente nocivos, del agua que consumes, según los expertos», cnn, 14 de marzo de 2023, sec. Salud, https://cnnespanol.cnn.com/2023/03/14/reducir-pfas-quimicos-nocivos-agua-potable-trax/

157 *Ministerio de Agricultura, Pesca y Alimentación*, «El sector de la carne de cerdo en cifras», 2022, https://www.mapa.gob.es/es/ganaderia/temas/produccion-y-mercados-ganaderos/indicadoreseconomicossectorporcino2022_tcm30-564427.pdf

158 Ministerio de Agricultura, Pesca y Alimentación.

159 Elisa Oteros Rozas, «La ganadería (por fin) en el debate social», *El Ecologista*, 21 de diciembre de 2021, https://www.ecologistasenaccion.org/188397/la-ganaderia-por-fin-en-el-debate-social/

160 Abel Esteban Cabellos et al., «Con la soja al cuello», *El Ecologista*, 21 de diciembre de 2021, https://www.ecologistasenaccion.org/188729/con-la-soja-al-cuello/

161 Elisa Oteros Rozas, «La ganadería (por fin) en el debate social».

162 «Según el promotor de la macrogranja porcina de Mota, se creará solo un puesto de trabajo», *cuencanews.es*, 15 de junio de 2018, https://www.cuencanews.es/noticia/60240/provincia/segun-el-promotor-de-la-macrogranja-porcina-de-mota-se-creara-solo-un-puesto-de-trabajo..html

163 Alicia Avilés Pozo, «Mota del Cuervo (Cuenca) deniega la licencia para una macrogranja de casi 2.000 cerdos por posibles afecciones al turismo y al agua», *eldiario.es*, 14 de abril de 2021, https://www.eldiario.es/castilla-la-mancha/mota-cuervo-cuenca-deniega-licencia-macrogranja-2-000-cerdos-posibles-afecciones-turismo-agua_1_7804353.html

164 Abel Esteban Cabellos et al., «Con la soja al cuello».

165   *Greenpeace*, «La insostenible huella de la carne en España», 2018, https://
       es.greenpeace.org/es/wp-content/uploads/sites/3/2018/03/INFORME-CAR-
       NEv5.pdf

166   Ministerio de Agricultura, Pesca y Alimentación, «Informe del consumo alimen-
       tario en España» (Gobierno de España, 2022), https://www.mapa.gob.es/es/
       alimentacion/temas/consumo-tendencias/informe-consumo-2022-baja-res_
       tcm30-655390.pdf

167   Elisa Oteros Rozas, «La ganadería (por fin) en el debate social».

168   «La deforestación avanza de la mano de la industria de la soja», *Ecologistas en
       Acción*, 21 de marzo de 2022, https://www.ecologistasenaccion.org/193931/
       la-deforestacion-avanza-de-la-mano-de-la-industria-de-la-soja/

169   Abel Esteban Cabellos et al., «Con la soja al cuello».

170   Parlamento Europeo, «El Parlamento aprueba una nueva ley para luchar con-
       tra la deforestación mundial», 19 de abril de 2023, https://www.europarl.
       europa.eu/news/es/press-room/20230414IPR80129/el-parlamento-aprue-
       ba-una-nueva-ley-para-luchar-contra-la-deforestacion-mundial

171   Parlamento Europeo.

172   Ana Tudela y Antonio Delgado, «Así dañó España sus reservas futuras de agua».

173   *Greenpeace*, «¿Qué son los nitratos?», 18 de mayo de 2022, https://
       es.greenpeace.org/es/en-profundidad/un-agua-de-mierda-el-legado-de-las-
       macrogranjas/que-son-los-nitratos/

174   Gobierno de España, «Real Decreto 3/2023, de 10 de enero, por el que se es-
       tablecen los criterios técnico-sanitarios de la calidad del agua de consumo, su
       control y suministro.» (*Ministerio de la Presidencia, Relaciones con las Cortes
       y Memoria Democrática*, 11 de enero de 2023), https://www.boe.es/eli/es/
       rd/2023/01/10/3/con

175   Antonio Delgado y Ana Tudela, «Agua que no has de beber», *Datadista*, 24 de
       julio de 2022, https://especiales.datadista.com/medioambiente/contamina-
       cion-agua-macrogranjas/contaminacion-agua-grifo/

176   Antonio Delgado y Ana Tudela.

177   «La problemática de los nitratos y las aguas subterráneas» (*Instituto Geológico
       y Minero de España*, s. f.), https://aguas.igme.es/igme/publica/libro102/pdf/
       lib102/in_02.pdf

178   Antonio Delgado y Ana Tudela, «La mancha del purín y los nitratos», *Datadista*,
       24 de julio de 2022, https://especiales.datadista.com/medioambiente/conta-
       minacion-agua-macrogranjas/contaminacion-nitratos-purines/

179   Antonio Delgado y Ana Tudela, «Agua que no has de beber».

180   Mónica G. Prieto, «Beber pronto será cosa de ricos», 5W, 2023.

181   Peter Scarborough, Michael Clark, y Linda Cobiac, «Vegans, vegetarians, fi-
       sh-eaters and meat-eaters in the UK show discrepant environmental impacts»,
       Nature Food, n.o 4 (20 de julio de 2023): 565-74.

182   Arnau Montserrat, «¿Y si la ganadería fuera parte de la solución?», *O Salto*, 19
       de abril de 2020, https://osalto.gal/cambio-climatico/y-si-la-ganaderia-fue-
       ra-parte-de-la-solucion-cambio-climatico

183   «¿Es posible alimentar a 10.000 millones de personas sin arruinar más el medio ambiente?», *Noticias ONU*, 7 de febrero de 2019, https://news.un.org/es/story/2019/02/1450661

184   Patricia Dopazo Gallego y Pedro M. Herrera, «Producción animal, más allá del sí o el no», *El Salto*, 18 de septiembre de 2018, https://www.elsaltodiario.com/ganaderia/sector-carnico-produccion-animal-intensiva-soberania-alimentaria

185   Pedro M. Herrera, ed., Ganadería extensiva y cambio climático: un acercamiento en profundidad, vol. 6, Cuadernos Entretantos (Fundación Entretantos y Plataforma por la Ganadería Extensiva y el Pastoralismo, 2020).

186   «Stop Ganadería Industrial», s. f., stopganaderiaindustrial.org/

187   *Greenpeace España*, «El agua de tu pueblo, ¿está contaminada por nitratos?», 4 de octubre de 2023, https://es.greenpeace.org/es/noticias/el-agua-de-tu-pueblo-esta-contaminada-por-nitratos/

188   Alfons Pérez et al., «La mina, la fábrica y la tienda. Dinámicas globales de la "transición verde" y sus consecuencias en el "triángulo del litio"» (Observatori del Deute en la Globalització, julio de 2023).

189   Alfons Pérez et al.

190   «NextGenerationEU», s. f., next-generation-eu.europa.eu/index_es

191   «You are EU», s. f., https://you-are-eu.europa.eu/index_es

192   United Nations Climate Change, «El Acuerdo de París», s. f., https://unfccc.int/es/acerca-de-las-ndc/el-acuerdo-de-paris

193   «The Role of Critical Minerals in Clean Energy Transitions» (International Energy Agency, marzo de 2022), https://iea.blob.core.windows.net/assets/ffd2a83b-8c30-4e9d-980a-52b6d9a86fdc/TheRoleofCriticalMineralsinCleanEnergyTransitions.pdf

194   «Energy Technology Perspectives 2023» (*International Energy Agency*, s. f.), https://iea.blob.core.windows.net/assets/a86b480e-2b03-4e25-bae1-da1395e0b620/EnergyTechnologyPerspectives2023.pdf

195   Alfons Pérez et al., «La mina, la fábrica y la tienda. Dinámicas globales de la "transición verde" y sus consecuencias en el "triángulo del litio"».

196   Las reservas son, según el ODG, «materias primas que es viable extraer legal, económica y técnicamente».

197   Alfons Pérez et al., «La mina, la fábrica y la tienda. Dinámicas globales de la "transición verde" y sus consecuencias en el "triángulo del litio"».

198   Alfons Pérez et al.

199   Grupo de Minería de Ecologistas en Acció, «El "boom" de la minería en España», *El Ecologista*, 1 de diciembre de 2017, https://www.ecologistasenaccion.org/35672/

200   «Extremadura New Energies: inicio», s. f., https://extremaduranewenergies.es/

201   Inmaculada Franco, «Así es la mina subterránea de litio que se proyecta en Cáceres y que tiene dividida a la sociedad», *eldiario.es*, 16 de noviembre de 2022, https://www.eldiario.es/extremadura/sociedad/sera-mina-subterranea-litio-proyecta-caceres-dividida-sociedad_1_9712897.html

202 eldiarioex, «La mina de litio de Cáceres presentará el proyecto y solicitud de explotación antes de final de año», *eldiario.es*, 28 de septiembre de 2023, https://www.eldiario.es/extremadura/caceres/mina-litio-caceres-presentara-proyecto-solicitud-explotacion-final-ano_1_10551901.html

203 Manuel Nogueras, «Nuevo giro argumental en la mina de Cáceres», *El Salto*, 17 de noviembre de 2023, sec. Minería, https://www.elsaltodiario.com/mineria/nuevo-giro-argumental-mina-caceres

204 Inmaculada Franco, «Así es la mina subterránea de litio que se proyecta en Cáceres y que tiene dividida a la sociedad».

205 «Extremadura New Energies: el proyecto», s. f., https://extremaduranewenergies.es/el-proyecto/

206 Inmaculada Franco, «Así es la mina subterránea de litio que se proyecta en Cáceres y que tiene dividida a la sociedad».

207 Alfons Pérez et al., «La mina, la fábrica y la tienda. Dinámicas globales de la "transición verde" y sus consecuencias en el "triángulo del litio"».

208 Alfons Pérez et al.

209 Alfons Pérez et al.

210 Berta Reventós, «Los grupos indígenas en Argentina que se oponen a la extracción del litio», *BBC News Mundo*, 29 de agosto de 2023, https://www.bbc.com/mundo/articles/cevzgv0elp9o

211 @esxrebellion, «Comunidades indígenas, sindicatos y organizaciones sociales de la provincia de Jujuy se han levantado contra la reforma exprés a la Constitución», *Post de Instagram*, 21 de junio de 2023, https://www.instagram.com/reel/CtwzCviRbee/?igshid=MTc4MmM1YmI2Ng%3D%3D

212 «En qué consiste la reforma constitucional de Jujuy», *Diario Popular*, 22 de junio de 2023, https://www.diariopopular.com.ar/politica/en-que-consiste-la-reforma-constitucional-jujuy-n723366

213 «Punto por punto, qué reforma se aprobó en Jujuy y qué cambió en la nueva constitución», *El Cronista*, 22 de junio de 2023, https://www.cronista.com/economia-politica/punto-por-punto-que-reforma-se-aprobo-en-jujuy-y-que-cambio-en-la-nueva-constitucion/

214 Berta Reventós, «Los grupos indígenas en Argentina que se oponen a la extracción del litio».

215 Alfons Pérez et al., «La mina, la fábrica y la tienda. Dinámicas globales de la "transición verde" y sus consecuencias en el "triángulo del litio"».

216 Organización Internacional del Trabajo. Oficina Regional para América Latina y el Caribe, Convenio Núm. 169 de la OIT sobre Pueblos Indígenas y Tribales, 2014, https://www.ilo.org/wcmsp5/groups/public/---americas/---ro-lima/documents/publication/wcms_345065.pdf

217 Martín Lallana Santos y Joám Evans Pim, «Reciclaje de metales como alternativa a la minería» (*Ecologistas en Acción*, enero de 2022), https://www.ecologistasenaccion.org/wp-content/uploads/2022/02/informe-reciclaje-de-metales-alternativa-mineria.pdf

218   UNESCO, «Informe Mundial de las Naciones Unidas sobre el Desarrollo de los Recursos Hídricos 2021: el valor del agua», 2021, https://unesdoc.unesco.org/ark:/48223/pf0000378890

219   Dante Maschio Gastelaars, «Agua: ¿negocio o bien común?»

220   Santiago Martín Barajas, «La expansión del regadío nos está llevando al colapso hídrico».

221   Daniel López García, «El retorno social de los regadíos», *El Ecologista*, 1 de septiembre de 2022, https://www.ecologistasenaccion.org/210542/el-retorno-social-de-los-regadios/

222   WWF, «La agricultura de regadío e industrial es responsable del 80% de consumo de agua en España», s. f., https://www.wwf.es/nuestro_trabajo/agua/ahorrar_agua_en_agricultura/

223   Ana Tudela y Antonio Delgado, «España intensiva: así ha cambiado el campo a fuerza de PAC y mercado», *Datadista*, 30 de octubre de 2021, https://especiales.datadista.com/medioambiente/espana-intensiva/

224   Para ampliar información sobre este tema se puede consultar el libro «Alzadas por la Tierra. El renacimiento de las luchas por el clima: Soulèvements de la Terre, Lützerath y Atlanta», de la editorial Descontrol. También son recomendables el programa 4x80 de *La Base* (Canal Red): «¿Colapso de la agricultura europea?» https://www.youtube.com/watch?v=CkQQx07RLko y el artículo de El Salto «El colapso de la agricultura europea empieza en Francia»: https://www.elsaltodiario.com/soberania-alimentaria/javier-guzman-colapso-agricultura-europea-empieza-francia?s=35

225   Daniel López García, «El retorno social de los regadíos».

226   Ana Ordaz, Raúl Sánchez, y Victòria Oliveres, «Cultivos cada vez más grandes y en menos manos: dos décadas de concentración de la tierra en España», *eldiario.es*, 30 de agosto de 2022, https://www.eldiario.es/economia/cultivos-vez-grandes-manos-decadas-concentracion-tierra-espana_1_9152807.html

227   Ana Ordaz, Raúl Sánchez, y Victòria Oliveres.

228   «Frutas y hortalizas», 2021, https://www.mapa.gob.es/es/agricultura/temas/producciones-agricolas/frutas-y-hortalizas/informacion_general.aspx

229   «V. Agua y alimentos», en *Las guerras del agua: contaminación, privatización y negocio*, de Vandana Shiva, 1a. ed (Barcelona: Icaria, 2004).

230   «VII. Las aguas sagradas», en *Las guerras del agua: contaminación, privatización y negocio*, de Vandana Shiva, 1a. ed (Barcelona: Icaria, 2004).

231   WWF, «La agricultura de regadío e industrial es responsable del 80% de consumo de agua en España».

232   WWF, «Agua: ¿qué es el robo de agua?», s. f., https://www.wwf.es/nuestro_trabajo/agua/el_robo_del_agua/

233   Javier Martín-Arroyo y Lourdes Lucio, «La Junta de Andalucía suspende la proposición de ley para ampliar los regadíos de Doñana», *El País*, 3 de octubre de 2023, https://elpais.com/clima-y-medio-ambiente/2023-10-03/

la-junta-de-andalucia-anuncia-que-retira-la-proposicion-de-ley-para-am-pliar-los-regadios-de-doanana.html

234   Santiago Martín Barajas, «La expansión del regadío nos está llevando al colapso hídrico».

235   Javier Martín-Arroyo, «Doñana se seca por completo», *El País*, 3 de septiembre de 2022, https://elpais.com/clima-y-medio-ambiente/2022-09-03/dona-na-se-seca-por-completo.html

236   Javier Martín-Arroyo, «El parque de Doñana sale de la lista verde interna-cional de la UICN por su mala gestión», *El País*, 18 de diciembre de 2023, https://elpais.com/clima-y-medio-ambiente/2023-12-18/el-parque-de-do-nana-sale-de-la-lista-verde-internacional-de-la-uicn-por-su-mala-gestion.html?ssm=TW_CC&s=35

237   Javier H. Rodríguez, «Así muere un Parque Nacional: las Tablas de Daimiel ante el colapso», *El Salto*, 5 de julio de 2023, https://www.elsaltodiario.com/medioambiente/asi-muere-un-parque-nacional-tablas-daimiel-colapso

238   *WWF*, «Agua: ¿qué es el robo de agua?».

239   *WWF*, «El Mar Menor está envenenado», s. f., https://www.wwf.es/nuestro_tra-bajo/oceanos/marmenor/

240   Santiago Cabrera Catanesi, Erena Calvo, y Elisa M. Almagro, «El Mar Menor sufre su mayor crisis por los vertidos de la agricultura sin control con cinco toneladas de peces muertos», *eldiario.es*, 23 de agosto de 2021, https://www.eldiario.es/murcia/medio_ambiente/mar-menor-sufre-mayor-crisis-vertidos-agricultu-ra-control-cinco-toneladas-peces-muertos_1_8239231.html

241   «Eutrofización», s. f., https://es.wikipedia.org/wiki/Eutrofizaci%C3%B3n

242   «Del invernadero a la costa: la contaminación por plásticos que está afectando a Almería», *Mejor contigo* (RTVE, 14 de septiembre de 2021), https://www.rtve.es/play/videos/mejor-contigo/almeria-costa-contaminacion-plastico-inver-naderos/6094967/

243   *Lords of Water*, 2019, https://www.youtube.com/watch?v=8UaWab8541w

244   Javier Martín-Arroyo, «Primera venta masiva de agua en Andalucía: 1.333 piscinas olímpicas entre Sevilla y Almería», *El País*, 14 de junio de 2023, https://elpais.com/espana/andalucia/2023-06-14/primera-venta-masi-va-de-agua-en-andalucia-1333-piscinas-olimpicas-entre-sevilla-y-almeria.html

245   Marisa Kohan, «Sombras y silencio sobre la situación de las mujeres traba-jadoras de la fresa en Huelva», *Público*, 22 de mayo de 2018, https://www.publico.es/sociedad/mujeres-fresa-sombras-silencio-situacion-mujeres-traba-jadoras-fresa-huelva.html

246   «Jornaleras de Huelva en Lucha», s. f., https://jornalerasenlucha.org

247   Sara Pérez, «Las "nadies" de la fresa: una campaña más de irregularidades para las jornaleras marroquíes», 10 de julio de 2022, https://www.elsaltodiario.com/explotacion-laboral/nadies-fresa-una-campana-irregularidades-jornale-ras-marroquies

248   Santi Donaire, «Veneno».

249 Laura F. Zarza, «¿Cuáles son los usos del agua?», *iAgua*, s. f., https://www.iagua. es/respuestas/cuales-son-usos-agua.

250 *Comisión Mundial de Represas*, «Represas y Desarrollo: Un Nuevo Marco para la Toma de Decisiones. Una Síntesis», noviembre de 2000, https://agua.org.mx/ biblioteca/represas-y-desarrollo-un-nuevo-marco-para-la-toma-de-decisiones/

251 «Las represas y su impacto en la naturaleza», *WWF*, 7 de julio de 2021, https:// www.worldwildlife.org/descubre-wwf/historias/las-represas-y-su-impacto-en-la-naturaleza.

252 «Dictionary», *International Commission on Large Dams*, s. f., https://www. icold-cigb.org/FR/dictionnaire/dictionnaire.asp

253 «¿Qué son las energías renovables?», *Naciones Unidas*, s. f., https://www. un.org/es/climatechange/what-is-renewable-energy

254 Ramón Fernández Durán y Adrián Almazán Gómez, *El antropoceno*.

255 Comisión Mundial de Represas, «Represas y Desarrollo: Un Nuevo Marco para la Toma de Decisiones. Una Síntesis».

256 «itaipu Binacional», s. f., https://www.itaipu.gov.br/es/energia/generacion

257 Miguel Ángel Otero Soliño, «Saltos del Guairá, las cascadas que se perdieron para siempre», *Planeta on Tour* (blog), 20 de julio de 2016.

258 Presa de Itaipú, un atractivo turístico de envergadura internacional (*Agencia EFE*, 2019), https://www.youtube.com/watch?v=aNqk_68U6rI

259 «Represa de Itaipú: la lucha del pueblo Avá Guaraní continúa», *Dam Watch International* (blog), 12 de marzo de 2021, https://damwatchinternational.org/ es/represa-de-itaipu-la-lucha-del-pueblo-ava-guarani-continua/

260 VV. AA., «Las falsas promesas de la energía hidroeléctrica», *Interamerican Association for Environmental Defense* (AIDA), 13 de mayo de 2019, https:// aida-americas.org/es/las-falsas-promesas-de-la-energ-hidroel-ctrica.

261 Anahí Gómez et al., «Resistencias Sociales En Contra de Los Megaproyectos Hídricos En América Latina», *European Review of Latin American and Caribbean Studies* | Revista Europea de Estudios Latinoamericanos y Del Caribe 0, n.o 97 (2014): 75.

262 Eliane Brum, «Belo Monte: la anatomía de un etnocidio», *El País*, 3 de diciembre de 2014, https://elpais.com/internacional/2014/12/03/actualidad/1417630644_275569.html

263 Eliane Brum, «Belo Monte, constructoras y 'espejitos'», *El País*, 7 de julio de 2015, https://elpais.com/internacional/2015/07/07/actualidad/1436291776_694128.html

264 Organización Internacional del Trabajo, «Convenio Núm. 169 de la OIT sobre Pueblos Indígenas y Tribales», 2014, https://www.ilo.org/wcmsp5/groups/ public/---americas/---ro-lima/documents/publication/wcms_345065.pdf

265 Luna Gámez, «El "ecopostureo" de las hidroeléctricas en América Latina», *Público*, 11 de agosto de 2019, https://www.publico.es/internacional/ecopostureo-hidroelectricas-america-latina.html

266   «Sinop Energia - Usina Hidrelétrica Sinop», s. f., https://www.sinopenergia. com.br

267   Luna Gámez, «La muerte de un río amazónico asfixiado por las hidroeléctricas y la minería», *El País*, 4 de junio de 2020, https://elpais.com/elpais/2020/05/12/ planeta_futuro/1589279924_166617.html

268   Luna Gámez, «El "ecopostureo" de las hidroeléctricas en América Latina».

269   Arturo Elosegui, «España no necesita más embalses, sino una mejor gestión del agua».

270   Comisión Mundial de Represas, «Represas y Desarrollo: Un Nuevo Marco para la Toma de Decisiones. Una Síntesis».

271   Arturo Elosegui, «España no necesita más embalses, sino una mejor gestión del agua».

272   Ramón Fernández Durán y Adrián Almazán Gómez, El antropoceno.

273   Manuel Ligero, «Ramón J. Soria Breña: "Es una aberración que destruir un río se considere 'energía renovable'"», *La Marea*, 14 de agosto de 2023, https:// www.lamarea.com/2023/08/14/ramon-j-soria-brena-aberracion-que-des-truir-rios-se-considere-energia-renovable/

274   VV. AA., «Las falsas promesas de la energía hidroeléctrica».

275   Guillermo Azábal y Fede Segarra, «Los mapuches, ante la nueva constitución», *La Marea*, agosto de 2021, https://suscripciones.lamarea.com/producto/la-marea-83-julio-agosto-2021/

276   «Acerca de AIDA», AIDA, s. f., https://aida-americas.org/es/acerca-de-aida

277   «Quiénes somos», Movimiento de Afectados por Represas - Brasil, s. f., https:// mab.org.br/es/quienes-somos/

278   Alejandro Labrador Aragón, «Crisis civilizatoria desata reyertas en territorios ancestrales de El Salvador», *El Salto*, 13 de septiembre de 2023, https://www. elsaltodiario.com/revista-pueblos/crisis-civilizatoria-desata-reyertas-en-te-rritorios-ancestrales-de-el-salvador

279   Anahí Gómez et al., «Resistencias Sociales En Contra de Los Megaproyectos Hí-dricos En América Latina».

280   «Berta Cáceres: condenan a exdirectivo de la hidroeléctrica DESA como coau-tor intelectual del asesinato de la ambientalista hondureña», *BBC News Mundo*, 5 de julio de 2021, https://www.bbc.com/mundo/noticias-america-lati-na-57728963

281   «México: Asesinan al activista Noé Vázquez, miembro del Colectivo De-fensa Verde Naturaleza para Siempre y del MAPDER», *Kaos en la red,* 3 de agosto de 2013, https://archivo.kaosenlared.net/m-xico-asesinan-al-activis-ta-no-v-zquez-miembro-del-colectivo-defensa-verde-naturaleza-para-siem-pre-y-del-mapder/

282   Guillermo Azábal y Fede Segarra, «Los mapuches, ante la nueva constitución».

283   «Global Witness», s. f., https://www.globalwitness.org/es/

284   J. Elcacho, «Casi 2.000 personas han sido asesinadas en los últimos 11 años por defender el medio ambiente», *La Vanguardia*, 13 de septiembre de 2023,

https://www.lavanguardia.com/natural/20230913/9223286/2-000-perso-nas-han-sido-asesinadas-ultimos-10-anos-defender-medio-ambiente.html

285 «Generación renovable 2022», *Red eléctrica*, enero de 2023, https://www.sistemaelectrico-ree.es/2022/informe-del-sistema-electrico/generacion/ge-neracion-de-energia-electrica/generacion-renovable-de-energia-electrica

286 «Balance eléctrico (GWH)», *Red eléctrica*, 2022, https://www.ree.es/es/datos/balance/balance-electrico?start_date=2022-01-01T00:00&end_da-te=2022-12-31T23:59&time_trunc=year&systemElectric=nacional

287 «Generación renovable 2023», *Red eléctrica*, enero de 2024, https://www.sistemaelectrico-ree.es/informe-del-sistema-electrico/generacion/genera-cion-de-energia-electrica/generacion-renovable-de-energia-electrica

288 Ma Ángeles Fernández y J. Marcos, «España, un Estado hidráulico (en manos privadas)», *La Marea*, 11 de marzo de 2022, https://www.lamarea.com/2022/03/11/espana-un-estado-hidraulico-en-manos-privadas/

289 Álvaro Caballero y Cristina Pozo, «Los ríos que vuelven a fluir: cómo España se ha convertido en un referente en la demolición de presas», *RTVE*, 22 de agosto de 2022, https://www.rtve.es/noticias/20220822/rios-vuelven-fluir-espana-re-ferente-demolicion-presas/2396789.shtml

290 Arturo Elosegui, «España no necesita más embalses, sino una mejor gestión del agua».

291 Antonio M. Vélez, «El Gobierno ordena demoler 12 de las 21 concesio-nes hidroeléctricas caducadas desde enero de 2020», *eldiario.es*, 26 de septiembre de 2021, https://www.eldiario.es/economia/gobierno-ordena-de-moler-12-21-concesiones-hidroelectricas-caducadas-enero_1_8335211.html

292 vv. aa., «Carta de apoyo al desmantelamiento de la presa de Los Toranes (Teruel)», febrero de 2021, https://www.ecologistasenaccion.org/wp-content/uploads/2021/02/carta-apoyo-desmantelamiento-presa-toranes.pdf

293 «El Gobierno retrasa hasta 2023 el registro para controlar las centrales hi-droeléctricas», *El Periódico de la Energía*, 13 de diciembre de 2021, https://elperiodicodelaenergia.com/el-gobierno-retrasa-hasta-2023-el-registro-pa-ra-controlar-las-centrales-hidroelectricas/

294 Juan Cruz Peña, «El Gobierno revela que las eléctricas aún harán ne-gocio con las hidráulicas públicas 35 años más», *El Confidencial*, 14 de diciembre de 2021, https://www.elconfidencial.com/empresas/2021-12-14/gobierno-revela-electricas-negocio-hidraulicas-35anos_3340638/#:~:text=Las%20concesiones%20p%C3%BAblicas%20de%20las%20grandes%20centrales%20hidroel%C3%A9ctricas,que%20explotar%-C3%A1n%20varias%20plantas%20m%C3%A1s%20de%20100%20a%C3%B1os

295 «Todas las centrales hidroeléctricas de España», *El Confidencial*, 10 de diciembre de 2021, https://datos.elconfidencial.com/10_12_21_centrales_hidroelectri-cas_espana_tabla/

296 Eduardo Bayona, «Los tribunales allanan la nacionalización de dece-nas de centrales hidroeléctricas», *Público*, 25 de abril de 2020, https://

www.publico.es/economia/nacionalizacion-hidroelectricas-tribu-nales-allanan-nacionalizacion-decenas-centrales-hidroelectricas. html#analytics-noticia:contenido-enlace

297   Rafael Méndez, «El eterno negocio eléctrico del río: Iberdrola explotará esta presa en Zamora 114 años», *El Confidencial*, 7 de julio de 2019, https://www. elconfidencial.com/empresas/2019-07-07/iberdrola-ricobayo-concesiones-hidroelectricas-114-anos_2109399/

298   P. Romero, «Comarcas de Zamora y Cáceres protestan contra Iberdrola por el "vaciado" de sus pantanos para producir luz en plena escalada de precios», *Público*, 12 de agosto de 2021, https://www.publico. es/economia/comarcas-zamora-caceres-protestan-iberdrola-vaciado-pantanos-producir-luz-plena-escalada-precios.html

299   Eduardo Bayona, «Aragón quiere gestionar sus 150 centrales hidroeléctricas para bajar el recibo de la luz», *Público*, 3 de mayo de 2016, https://www.publico.es/politica/aragon-quiere-gestionar-150-centrales.html

300   Eduardo Bayona, «Las autonomías entran en la pugna por gestionar las hidroeléctricas nacionalizadas», *Público*, 23 de mayo de 2018, https://www. publico.es/economia/hidroelectricas-autonomias-entran-pugna-gestionar-hidroelectricas-nacionalizadas.html

301   Elena Puértolas, «La central eléctrica de Lafortunada, la más grande del Pirineo, se paraliza tras 87 años», *Diario del Alto Aragón,* 12 de febrero de 2020,   https://www.diariodelaltoaragon.es/noticias/aragon/2020/02/12/ la-central-electrica-de-lafortunada-la-mas-grande-del-pirineo-se-paraliza-tras-87-anos-1196352-daa.html

302   Eduardo Bayona, «Aragón quiere gestionar sus 150 centrales hidroeléctricas para bajar el recibo de la luz».

303   Jorge Heras Pastor, «La CHE nacionalizará hasta 2027 seis centrales hidroeléctricas en Aragón», *El Periódico de Aragón*, 14 de marzo de 2022, https://www. elperiodicodearagon.com/aragon/2022/03/14/che-nacionalizara-hidroelectricas-aragon-energia-63795570.html

304   Rafael Méndez, «El eterno negocio eléctrico del río: Iberdrola explotará esta presa en Zamora 114 años».

305   «Todas las centrales hidroeléctricas de España».

306   Juan Cruz Peña, «El Gobierno revela que las eléctricas aún harán negocio con las hidráulicas públicas 35 años más».

307   «El sector eléctrico español en números» (*Fundación Naturgy,* 2020), https:// www.fundacionnaturgy.org/publicacion/informe-2020-el-sector-electrico-espanol-en-numeros/

308   Dani Domínguez, «Energía hidroeléctrica: el dinero para las empresas cae del cielo», *La Marea,* 13 de agosto de 2021, https://www.lamarea.com/2021/08/13/ energia-hidroelectrica-el-dinero-para-las-empresas-cae-del-cielo/

309   Eduardo Bayona, «La CHE consigue producir electricidad a menos de un céntimo el kilowatio en el Pirineo», *eldiario.es*, 7 de junio de 2015, https://www.

eldiario.es/aragon/economia/espana-electricidad-veces-cuesta-producir-la_1_2633693.html

310 «Si a una hidroeléctrica un megavatio hora le cuesta 5 euros, ¿cómo lo pueden vender a 110?: una experta responde», *Al Rojo Vivo* (La Sexta, 21 de julio de 2021), https://www.lasexta.com/programas/al-rojo-vivo/hidroelectrica-mwh-cuesta-5-euros-como-pueden-vender-110-respuesta-experta_2021072160f7f51b04153e0001b47956.html

311 Mª Ángeles Fernández y J. Marcos, «España, un Estado hidráulico (en manos privadas)».

312 Dani Domínguez, «Iberdrola: anteponer el beneficio privado frente un bien público como el agua», *La Marea*, s. f., 10/08/2021 edición, https://www.lamarea.com/2021/08/10/iberdrola-anteponer-el-beneficio-privado-frente-un-bien-publico-como-el-agua/

313 Dani Domínguez, «Alcaldes rurales contra Iberdrola», *La Marea*, 16 de agosto de 2021, https://www.lamarea.com/2021/08/16/alcaldes-rurales-contra-iberdrola/

314 F. Fernández, «La Xunta multa al Gobierno, Iberdrola y Naturgy por el vaciado de cuatro embalses gallegos en verano», *La Voz de Galicia*, 1 de febrero de 2022, https://www.lavozdegalicia.es/noticia/economia/2022/02/01/xunta-multa-gobierno-iberdrola-naturgy-vaciar-embalses-avisar/0003_202202G1P26995.html

315 elDiario.es Galicia, «La Xunta multa al Gobierno, Naturgy e Iberdrola por el vaciado de embalses», *eldiario.es*, 1 de febrero de 2022, https://www.eldiario.es/galicia/xunta-multa-gobierno-naturgy-e-iberdrola-vaciado-embalses_1_8706926.html

316 Europa Press, «La Justicia archiva la causa penal por el vaciado del embalse de Ricobayo en Zamora», *eldiario.es*, 6 de abril de 2022, https://www.eldiario.es/castilla-y-leon/provincias/zamora/justicia-archiva-causa-penal-vaciado-embalse-ricobayo-zamora_1_8894878.html

317 Víctor Martínez, «Ribera no multará a las eléctricas por el vaciado de embalses en verano», *El Mundo*, 26 de noviembre de 2021,https://www.elmundo.es/ciencia-y-salud/medio-ambiente/2021/11/26/619f94ae21efa0aa6b8b45bf.html

318 Dani Domínguez, «Iberdrola: anteponer el beneficio privado frente un bien público como el agua».

319 Gobierno de España, «Real Decreto-ley 17/2021, de 14 de septiembre, de medidas urgentes para mitigar el impacto de la escalada de precios del gas natural en los mercados minoristas de gas y electricidad» (*Jefatura del Estado*, 2021), https://www.boe.es/eli/es/rdl/2021/09/14/17

320 «El Gobierno devuelve 1.900 millones a las eléctricas obligado por una sentencia del Supremo», *Cinco Días*, 21 de diciembre de 2021, https://cincodias.elpais.com/cincodias/2021/12/21/companias/1640104850_071268.html

321 rtve/efe, «La justicia europea avala el canon a las empresas eléctricas que usen cuencas hidrográficas para generar energía», *RTVE*, 7 de noviembre de 2019,

https://www.rtve.es/noticias/20191107/justicia-europea-avala-canon-a-em-presas-electricas-usen-cuencas-hidrograficas-para-generar-energia/1989142.shtml

322   Antonio M. Vélez, «El Estado deberá devolver más de 1.400 millones a las eléctricas por un decreto del PP anulado por el Supremo», *eldiario.es*, 31 de agosto de 2021, https://www.eldiario.es/economia/debera-devol-ver-1-400-millones-electricas-decreto-pp-anulado-supremo_1_8260825.html

323   Gobierno de España, «Ley 7/2022, de 8 de abril, de residuos y suelos contami-nados para una economía circular.» (Jefatura del Estado, 9 de abril de 2022), https://www.boe.es/eli/es/l/2022/04/08/7/con

324   Daniel Yebra, «El Banco de España señala a las energéticas como las empresas que más han exprimido la crisis de inflación», *eldiario.es*, 28 de agosto de 2023, https://www.eldiario.es/economia/banco-espana-senala-energeticas-empre-sas-han-exprimido-crisis-inflacion_1_10469956.html

325   Martín Cúneo, «Iberdrola, Naturgy y Endesa pagan más de medio millón de euros al año para influir en las políticas europeas», *El Salto*, 18 de octubre de 2023,   https://www.elsaltodiario.com/electricas/iberdrola-naturgy-ende-sa-pagan-medio-millon-euros-al-ano-influir-politicas-europeas

326   Raúl Novoa González, «Radiografía del lobby energético» (Alianza contra la Po-breza Energética, *Asociación Internacional de Ingeniería Sin Fronteras y Fossil Free Politics*, 18 de octubre de 2023), https://pobresaenergetica.es/wp-con-tent/uploads/2023/10/Radiografia-del-lobby-energetico.pdf

327   Ignacio Fariza, «La crisis de precios dispara el beneficio de las grandes energéti-cas españolas a 12.780 millones», *El País*, 25 de febrero de 2023, https://elpais.com/economia/2023-02-25/las-energeticas-espanolas-se-anotaron-el-mayor-beneficio-de-su-historia-en-2022-el-ano-de-la-guerra.html

328   Juan Cruz Peña, «La pobreza energética se dispara y lleva a récord el número de familias con bono social», *El Confidencial*, 12 de septiembre de 2023, https://www.elconfidencial.com/economia/2023-09-12/record-vulnerables-bono-so-cial-pobreza-energetica_3732974/

329   José Carlos Romero Mora, Roberto Barrella, y Efraim Centeno Hernáez, «In-forme de Indicadores de Pobreza Energética en España 2022» (*Cátedra de Energía y Pobreza. Escuela Técnica Superior de Ingeniería* (ICAI), Universidad Pontificia Comillas, 4 de diciembre de 2022), https://www.iit.comillas.edu/documentacion/informetecnico/IIT-23-429I/Spanish_Energy_Poverty_Indica-tors_Report_2022.pdf

330   Cristina Alonso Pascual, «Qué es la excepción ibérica y cómo afecta a los precios de la electricidad a través de un tope al gas», *Newtral*, 20 de octubre de 2022, https://www.newtral.es/excepcion-iberica-tope-gas-que-es/20221020/

331   Antonio M. Vélez, «El Gobierno ordena demoler 12 de las 21 concesiones hi-droeléctricas caducadas desde enero de 2020».

332   Manuel Ligero, «Ramón J. Soria Breña: "Es una aberración que destruir un río se considere 'energía renovable'"».

333   Mª Ángeles Fernández y J. Marcos, «Jánovas, el último capítulo de una expro-
      piación impune», *La Marea*, 11 de octubre de 2019, https://www.lamarea.
      com/2019/10/11/janovas-el-ultimo-capitulo-de-una-expropiacion-impune/.

334   Candela Canales, «El agridulce regreso a Jánovas, el pueblo que estuvo a
      punto de ser tragado por un embalse: "Hemos pagado por recuperar rui-
      nas"», *eldiario.es*, 4 de marzo de 2022, https://www.eldiario.es/aragon/
      agridulce-regreso-janovas-pueblo-estuvo-punto-tragado-embalse-hemos-pa-
      gado-recuperar-ruinas_1_8803346.html

335   Martín Cúneo, «Itoiz y la cadena de la desobediencia», *El Salto*, primavera de
      2024.

336   Naciones Unidas, «Informe de los Objetivos de Desarrollo Sostenible»,
      2023,   https://unstats.un.org/sdgs/report/2023/The-Sustainable-Develop-
      ment-Goals-Report-2023_Spanish.pdf

337   Noor Amar Lamarty, «Las mujeres que se miraban en el agua», 5w, 2023.

338   «Mujeres de la India: cuando el váter condiciona la vida», *Pikara Magazine*,
      29 de diciembre de 2014, https://www.pikaramagazine.com/2014/12/muje-
      res-de-la-india-cuando-el-vater-condiciona-la-vida

339   Naciones Unidas, «Agua».

340   «El derecho al agua» (*Oficina del Alto Comisionado de las Naciones Unidas*, 1 de
      agosto de 2010), https://www.ohchr.org/sites/default/files/2021-09/FactS-
      heet35sp.pdf

341   Maria Homar, «Campos declara el agua corriente no apta para el consumo hu-
      mano», *Diario de Mallorca*, 9 de julio de 2023, https://www.diariodemallorca.
      es/part-forana/2023/07/09/campos-declara-agua-corriente-apta-89663341.
      html

342   «Los señores del agua (*Lords of Water*)», 2019, https://www.youtube.com/wat-
      ch?v=8UaWab8541w

343   «Our ownership structure», *Thames Water*, s. f., https://www.thameswater.
      co.uk/about-us/governance/our-structure

344   Daniel Postico, «El sector del agua británico, al borde de la quiebra», *Telecinco*,
      6 de julio de 2023, https://www.telecinco.es/noticias/economia/20230706/
      sector-agua-britanico-borde-quiebra_18_09971720.html

345   Karen Ardiles, «Aguas privatizadas en los "bordes" del proceso constituyente de
      ChileVamos», *Observatorio Latinoamericano de Conflictos Ambientales* (OLCA),
      24 de septiembre de 2022, https://olca.cl/articulo/nota.php?id=109658

346   «Principales sanitarias en Chile: Cuáles son, qué área cubren y qué em-
      presas las controlan», *Emol*, 18 de julio de 2019, https://www.emol.com/
      noticias/Nacional/2019/07/18/954949/Principales-sanitarias-en-Chile-Cua-
      les-son-que-area-cubren-y-que-empresas-las-controlan.html

347   Alfons Pérez et al., «La mina, la fábrica y la tienda. Dinámicas globales de la
      "transición verde" y sus consecuencias en el "triángulo del litio"»

348   «Veolia cierra la absorción de Agbar en España y alcanzará los 15.000 em-
      pleados», *Cinco Días*, 30 de junio de 2022, https://cincodias.elpais.com/
      cincodias/2022/06/30/companias/1656586100_446596.html

349 Dante Maschio Gastelaars, «Agua: ¿negocio o bien común?

350 Mónica Mena Roa, «Las empresas con más rentabilidad del mundo», *Statista*, 24 de agosto de 2023, https://es.statista.com/grafico/17580/empresas-mas-rentables-del-mundo/

351 Andrea Murphy y Hank Tucker, «The Global 2000», *Forbes*, 8 de junio de 2023, https://www.forbes.com/lists/global2000/

352 «Aguas de Saltillo (México), empresa participada por el grupo Agbar, cumple 20 años», *Agbar*, 29 de octubre de 2021, https://www.agbar.es/aguas-de-saltillo-mexico-empresa-participada-agbar-cumple-20-anos/

353 «Aigua Tèrbola: el negoci d'Agbar a Mèxic», 2020, https://www.youtube.com/watch?v=65DerKoGkyY

354 «México», Reporteros sin Fronteras, s. f., https://rsf.org/es/pais/m%C3%A9xico

355 Jon Bernat Zubiri Rey y Ander Balanzategi, «Las multinacionales hacen negocio con el desabastecimiento del agua en Bizkaia», *El Salto*, 6 de diciembre de 2022, Hordago edición, https://www.elsaltodiario.com/privatizaciones/privatizacion-agua-nuevo-negocio-bizkaia

356 Ander Balanzategi y Jon Bernat Zubiri Rey, «Disponible el documental que revela la privatización del agua en Bizkaia», *El Salto*, 3 de septiembre de 2022, Hordago edición, https://www.elsaltodiario.com/agua/disponible-documental-revela-privatizacion-agua-bizkaia

357 Zihara Jainaga Larrinaga, «Así culmina en Busturialdea la privatización de la gestión del agua en toda Bizkaia», *El Salto*, 9 de mayo de 2023, Hordago edición, https://osalto.gal/agua/agua-privatizacion-busturialdea-derecho

358 Jon Bernat Zubiri Rey y Ander Balanzategi, «Bermeo y Gernika privatizan la gestión del agua en Urdaibai», *El Salto*, 28 de septiembre de 2021, Hordago edición, https://www.elsaltodiario.com/agua/bermeo-y-gernika-privatizan-la-gestion-del-agua-en-urdaibai

359 Ander Balanzategi, «Cómo el IBEX 35 y empresas vinculadas al PNV han privatizado las aguas de Bizkaia», *El Salto*, 10 de diciembre de 2021, Hordago edición, https://www.elsaltodiario.com/privatizaciones/ibex-35-caciques-vascos-privatizado-aguas-bizkaia

360 Dante Maschio Gastelaars, «Agua: ¿negocio o bien común?»).

361 Alejandro Maceira, «El precio del agua en España, independiente de si la gestión es pública, privada o mixta», *iAgua*, 29 de noviembre de 2020, https://www.iagua.es/blogs/alejandro-maceira/precio-agua-espana-independiente-si-gestion-es-publica-privada-o-mixta

362 Nazaret Castro, «Las nuevas guerras del agua en América Latina», *La Marea*, 16 de abril de 2015, https://www.lamarea.com/2015/04/16/las-nuevas-guerras-del-agua-en-america-latina/

363 «Facua Málaga llama a una nueva movilización contra la subida del recibo del agua en la ciudad», *Facua*, 19 de febrero de 2024, https://facua.org/noticias/facua-malaga-llama-a-una-nueva-movilizacion-contra-la-subida-del-recibo-del-agua-en-la-ciudad/

364 Ignacio San Martín y Esther Luque, «Expertos defienden necesidad de subir el precio del agua, pero no como en Málaga», *Cadena SER*, 18 de septiembre de 2023, https://cadenaser.com/andalucia/2023/09/18/expertos-defienden-necesidad-de-subir-el-precio-del-agua-pero-no-como-en-malaga-ser-malaga/

365 *Govern de Catalunya* @govern, «Catalunya ja no dependrà de la pluja el 2030», Twitter (blog), 20 de febrero de 2024, https://twitter.com/govern/status/1760002159054131556

366 Néstor Cenizo, «El Gobierno andaluz autoriza las piscinas de los hoteles de la Costa del Sol pero veta las de comunidades de vecinos», *eldiario.es*, 14 de marzo de 2024, https://www.eldiario.es/andalucia/malaga/gobierno-andaluz-autoriza-piscinas-hoteles-costa-sol-veta-comunidades-vecinos_1_11215075.ht

367 Maria Solans, «La Generalitat autoritza instal·lar dessaladores mòbils en sectors econòmics com el turístic», *Betevé*, 7 de marzo de 2024, https://beteve.cat/medi-ambient/generalitat-permetra-installar-dessaladores-mobils-privades/

369 Guillem Costa, «El agua del grifo de Barcelona no será potable en verano si sigue sin llover», El Periódico, 15 de marzo de 2024, https://www.elperiodico.com/es/sociedad/20240315/agua-grifo-barcelona-no-potable-verano-si-no-llueve-99419776 Núria Llabina y Sílvia Gutiérrez, «El rebut de l'aigua a Barcelona s'encarirà uns 2,5 € al mes per família a partir del 2024», *El Periódico*, 22 de noviembre de 2023, https://beteve.cat/economia/tarifa-aigua-barcelona-2024-mes-cara/

370 Núria Llabina y Sílvia Gutiérrez, «El rebut de l'aigua a Barcelona s'encarirà uns 2,5 € al mes per família a partir del 2024», *El Periódico,* 22 de noviembre de 2023, https://beteve.cat/economia/tarifa-aigua-barcelona-2024-mes-cara/

371 Antonio Cerrillo, «El Govern prepara una subida del canon del agua de casi el 30% para usos domésticos», La Vanguardia, 28 de febrero de 2024, https://www.lavanguardia.com/natural/20240228/9530110/canon-agua-subira-30-usos-domesticos.html

372 «El cost de l'aigua pujarà un 30% a partir del gener a l'àrea de Barcelona», *3CAT*, 10 de octubre de 2023, https://www.ccma.cat/324/el-cost-de-laigua-pujara-un-30-a-partir-de-gener-a-larea-de-barcelona/noticia/3254462/

373 Aigua és Vida @aiguaesvida, «La factura de l'aigua pujarà entre 11,5%-15% a l'Àrea Metropolitana de Barcelona», 23 de noviembre de 2023, https://twitter.com/aiguaesvida/status/1727657417234641055

374 «[Comunicat] Aigua és Vida alertem que l'augment del preu de l'aigua posa en risc el Dret Humà a l'Aigua i el Sanejament», 11 de octubre de 2023, https://www.aiguaesvida.org/alertem-augment-preu-aigua-risc-dret-huma-aigua/

375 Javier Sauras, Felix Lill, y Michele Bertelli, «La guerra interminable: 15 años de lucha por el agua en Bolivia», *El País*, 30 de julio de 2015, https://elpais.com/elpais/2015/07/13/planeta_futuro/1436796771_984802.html

376 «El líder social en la guerra del agua del año 2000, Óscar Olivera, habla con nosotros» (*Casa de América*, 22 de marzo de 2011), https://www.youtube.com/watch?v=Mlusq43qsSM

377   «Documental: La Guerra del Agua en Cochabamba, Bolivia» (*Educa*, 28 de mayo de 2019), https://www.youtube.com/watch?v=Vqc3N-qrzDA&t=528s

378   Antonio Eid Peredo, «Latinoamérica: luchas y retos que inspiran», *Opcions*, primavera/verano de 2023.

379   «Agua KMZero», s. f., https://aguakmzero.com/

380   «La Gestió de l'Aigua a Catalunya per Municipi», *Aigua és Vida*, s. f., https://www.aiguaesvida.org/mapa-aigua-a-catalunya/#fiConcessions

381   Mireia Bosch Mateu, «Entrevista a Miriam Planas», *Opcions*, primavera/verano de 2023.

382   «La remunicipalización del agua en Valladolid deja 13,3 millones de euros de beneficio en su segundo año», *eldiario.es*, 25 de septiembre de 2019, https://www.eldiario.es/castilla-y-leon/municipal/remunicipalizacion-valladolid-millones-beneficio-segundo_1_1341554.html

383   *Ayuntamiento de Valladolid*, «La gestión pública del ciclo integral del agua en Valladolid, una vez más referente en España», 15 de marzo de 2023, https://www.valladolid.es/es/actualidad/noticias/gestion-publica-ciclo-integral-agua-valladolid-vez-referent

384   *Europa Press*, «Aquavall cumple 5 años tras una remunicipalización "plenamente" acertada y 46 millones en obras adjudicadas», eldiario.es, 1/072022, https://www.eldiario.es/castilla-y-leon/provincias/valladolid/aquavall-cumple-cinco-anos-valladolid-remunicipalizacion-plenamente-acertada-46-millones-obras-adjudicadas_1_9137112.html

385   *Ayuntamiento de Valladolid*, «Aquavall congelará la tarifa del agua en 2024 e impulsará la inversión hasta los 10,7 millones», 26 de octubre de 2023, https://www.valladolid.es/es/actualidad/noticias/aquavall-congelara-tarifa-agua-2024-impulsara-inversion-10

386   «Aigua Tèrbola: el negoci d'Agbar a Mèxic».

387   «Observatorio del Agua de Terrassa (*OAT*)», s. f., https://www.oat.cat/es/index/

388   Mireia Bosch Mateu, «Entrevista al Observatorio del Agua de Terrassa», *Opcions*, primavera/verano de 2023.

389   Oriol Solé Altimira, «El TSJC tumba la entrega sin concurso a Agbar del suministro de agua en Barcelona», *eldiario.es*, 16 de marzo de 2016, https://www.eldiario.es/catalunya/economia/tsjc-concurso-agbar-suministro-barcelona_1_4099424.amp.html

390   Oriol Solé Altimira, «El Supremo avala la concesión del agua de Barcelona a una empresa mixta liderada por Agbar», *eldiario.es*, 20 de noviembre de 2019, https://www.eldiario.es/catalunya/barcelona/supremo-concesion-barcelona-liderada-agbar_1_1248371.amp.html

391   Dante Maschio Gastelaars, «Agua: ¿negocio o bien común?».

392   «La vulneración del derecho humano al agua y al saneamiento en el Área Metropolitana de Barcelona» (*Enginyeria Sense Fronteres*, s. f.), https://www.ohchr.org/sites/default/files/Documents/Issues/Water/Questionnaire/NonStates/Associacio_Catalana_Enginyeria_Sense_Fronteres.pdf

393 Léo Heller, «Privatization and the human rights to water and sanitation: report» (*United Nations Human Rights*, 21 de julio de 2020), https://www.ohchr.org/en/calls-for-input/privatization-and-human-rights-water-and-sanitation-report

394 David Boys, «Más de 100 organizaciones respaldan al relator especial de la ONU y denuncian la interferencia de la industria privada del agua», *Internacional de Servicios Públicos*, 21 de octubre de 2020, https://publicservices.international/resources/news/ms-de-100-organizaciones-respaldan-al-relator-especial-de-la-onu-y-denuncian-la-interferencia-de-la-industria-privada-del-agua?id=11261&lang=es

395 «Public Futures», s. f., https://publicfutures.org/es/casos/.https://publicfutures.org/es/casos/

396 Luis de la Cruz, «Ciudad sedienta: "mal caminando" por un Madrid con pocas fuentes públicas», *ElDiario.es*, 14 de junio de 2021, https://www.eldiario.es/madrid/somos/tetuan/noticias/ciudad-sedienta-mal-caminando-madrid-fuentes-publicas_1_8025976.html

397 *Gobierno de España*, «Real Decreto 3/2023, de 10 de enero, por el que se establecen los criterios técnico-sanitarios de la calidad del agua de consumo, su control y suministro.»

398 «Sistema de Información Nacional de Aguas de Consumo (sinac)», s. f., https://sinacv2.sanidad.gob.es/CiudadanoWeb/ciudadano/informacionAbastecimientoActionEntrada.do.

399 «La calidad del agua», *Aigües de Barcelona*, s. f., https://www.aiguesdebarcelona.cat/es/servicio-agua/calidad-del-agua/buscador-calidad-del-agua#/. y «Calidad del agua», *EMIVASA*, s. f., https://www.emivasa.es/Empresa/Qualitat-de-laigua/Controls

400 Esperanza Ligia Guevara Alemany y Milagros Moreno Seisdedos, «Calidad del agua de consumo en España 2021» (*Ministerio de Sanidad*, 2022), https://www.sanidad.gob.es/en/profesionales/saludPublica/saludAmbLaboral/aguas/aconsumo/Doc/INFORME_AC_2021ANEXO_II_TABLAS.pdf

401 «Font Vella "El agua de tu vida" - Spot», 10 de junio de 2015, https://www.youtube.com/watch?v=vldkMfFdxt4

402 Juan Revenga, «Ni pura ni cristalina: el muy contaminante negocio del agua embotellada», *El País*, 18 de septiembre de 2023, sec. El Comidista, https://elpais.com/gastronomia/el-comidista/2023-09-18/ni-pura-ni-cristalina-el-muy-contaminante-negocio-del-agua-embotellada.html

403 Laura Conde, «Todo lo que debes saber antes de comprar agua mineral embotellada», *La Vanguardia*, 13 de septiembre de 2023, https://www.lavanguardia.com/comer/beber/20230913/9222056/todo-debes-saber-antes-comprar-agua-embotellada.html

404 Cristina Vázquez, «Valencia quiere fomentar el consumo de agua del grifo», *El País*, 29 de marzo de 2021, https://elpais.com/espana/2021-03-29/valencia-quiere-fomentar-el-agua-del-grifo.html

405   Juan Revenga, «Ni pura ni cristalina: el muy contaminante negocio del agua embotellada».

406   Cristina M. Villanueva et al., «Health and environmental impacts of drinking water choices in Barcelona, Spain: A modelling study», *Science of The Total Environment* 795 (15 de noviembre de 2021), https://www.sciencedirect.com/science/article/pii/S0048969721039565

407   Andreu Escrivà @AndreuEscriva, «El agua embotellada tiene una huella de carbono 1000 (¡MIL!) veces mayor que la del grifo.», *Twitter* (blog), 19 de septiembre de 2023, https://twitter.com/AndreuEscriva/status/1704227624115978671

408   Zeineb Bouhlel et al., «Global Bottled Water Industry: A Review of Impacts and Trends» (*University Institute for Water, Environment and Health* (United Nations), 2023), https://collections.unu.edu/view/UNU:9106#viewAttachments

409   Zeineb Bouhlel et al.

410   Gabriele Ferluga, «La guerra de los envases para el agua en la que nadie gana», *Cinco Días*, 24 de septiembre de 2019, https://cincodias.elpais.com/cinco-dias/2019/09/23/companias/1569254350_461432.html

411   Juan Revenga, «Ni pura ni cristalina: el muy contaminante negocio del agua embotellada».

412   Marta Rodríguez, «El negocio del agua embotellada se libra de la sequía», *El País*, 2 de mayo de 2023, https://elpais.com/espana/catalunya/2023-05-02/el-negocio-del-agua-embotellada-se-libra-de-la-sequia.html

413   Olga Rodríguez, «El agua embotellada escapa a las restricciones de la sequía: "Cuando el agua no baja por el río, baja por la carretera"», *El Independiente*, 17 de febrero de 2024, https://www.elindependiente.com/economia/2024/02/17/agua-embotellada-escapa-restricciones-sequia/

414   Marta Rodríguez, «El negocio del agua embotellada se libra de la sequía».

415   Juan Revenga, «Ni pura ni cristalina: el muy contaminante negocio del agua embotellada».

416   «Coca Cola vende en Reino Unido agua del grifo como agua mineral», *Cadena SER*, 2 de marzo de 2004, https://cadenaser.com/ser/2004/03/02/sociedad/1078197205_850215.html

417   Zeineb Bouhlel et al., «Global Bottled Water Industry: A Review of Impacts and Trends»

418   «Microplásticos también en el agua embotellada», *Cadena SER*, 5 de marzo de 2018, https://cadenaser.com/ser/2018/03/14/ciencia/1521041305_960472.html

419   «Hallan 240.000 partículas nanoplásticas en un solo litro de agua embotellada», *El Salto*, 9 de enero de 2024, https://www.elsaltodiario.com/residuos/hallan-240000-nanoplasticos-litro-agua-embotellada

420   Andrea J. Arratibel, «¿Por qué los mexicanos pagan más por agua embotellada que por agua potable?», *El País*, 8 de septiembre de 2023, https://elpais.com/mexico/2023-09-08/por-que-los-mexicanos-pagan-mas-por-agua-embotellada-que-por-agua-potable.html

421 «Coca-Cola seca los pozos de Chiapas a cambio de 150 dólares anuales», *El Salto*, 15 de septiembre de 2017, https://www.elsaltodiario.com/mexico/mexico-chiapas-acuiferos

422 Vandana Shiva, «Las Mujeres de Kerala contra Coca-Cola», *Las Mujeres de Kerala contra Coca-Cola* (blog), marzo de 2005, https://cocacola-spain.blogspot.com/2009/10/las-mujeres-de-kerala.html

423 Víctor M. Olazábal, «El mal trago de Coca-Cola en India», *El Mundo*, 25 de enero de 2016, https://www.elmundo.es/internacional/2016/01/25/56a4fe3aca474157618b4605.html

424 Maribel Hernández, «El uso de un acuífero para hacer Coca-Cola amenaza el agua de 30.000 personas en El Salvador», *eldiario.es*, 15 de junio de 2015, https://www.eldiario.es/desalambre/agua-el-salvador-coca-cola-medio-ambiente_1_2626883.html

425 Nuestra Jaima, «¿Qué está pasando en el Sáhara Occidental?», *Cuarto poder*, 14 de febrero de 2021, https://www.cuartopoder.es/internacional/2021/02/14/que-esta-pasando-en-el-sahara-occidental/?fbclid=PAAabW_rN07pAt6aZUb3Dm2146glol1f9l_2qHvMMsQq-Df2ctyTasI1lAoZw

426 «Territorios No Autónomos» (Naciones Unidas, s. f.), https://www.un.org/dppa/decolonization/es/nsgt

427 Teslem Sidi, «El Sáhara Occidental no está en venta», *El Salto*, 27 de noviembre de 2022, https://www.elsaltodiario.com/sahara-occidental/sahara-occidental-no-esta-en-venta-expolio.

428 EFE / Canarias Ahora, «España ratifica su postura sobre el Sahara en una declaración conjunta con Marruecos», *eldiario.es*, 2 de febrero de 2023, https://www.eldiario.es/canariasahora/politica/espana-ratifica-postura-sahara-declaracion-conjunta-marruecos_1_9920019.html

429 Fatima Zohra Bouaziz, «¿En qué consiste el plan de autonomía para el Sáhara Occidental?», *El Periódico*, 21 de marzo de 2022, https://www.elperiodico.com/es/internacional/20220321/plan-autonomia-sahara-occidental-marruecos-13403145

430 Héctor Santorum, «La batalla diaria por el suministro hídrico en los campamentos saharauis», *Nueva Revolución*, 6 de junio de 2024, https://nuevarevolucion.es/la-batalla-diaria-por-el-suministro-hidrico-en-los-campamentos-saharauis/

431 «Ataque aéreo marroquí en Agüenit (Sáhara Occidental) destruye una escuela, pozos de agua y camiones cisterna de transporte de agua potable», ecsaharaui, 12 de marzo de 2022, https://www.ecsaharaui.com/2022/03/ataque-aereo-marroqui-en-aguenit-sahara.html

432 Teslem Sidi, «El Sáhara Occidental no está en venta».

433 *Rojava Azadi*, «Confederalismo Democrático», s. f., https://rojavaazadimadrid.org/confederalismo-democratico/

434 Konsuk, «Turquía utiliza el acceso al agua como arma de guerra en el norte de Siria», *Rojava Azadi*, 10 de diciembre de 2022, https://rojavaazadimadrid.org/

dia-internacional-de-los-derechos-humanos-turquia-utiliza-el-acceso-al-agua-como-arma-de-guerra-en-el-norte-de-siria/

435   «Guerra al Agua: ¡Agua para Rojava!», *Todo por hacer*, julio de 2020, https://www.todoporhacer.org/guerra-al-agua-agua-para-rojava/

436   Solidarity Economy Assoc. (sea), «Water for Rojava», junio de 2020, https://www.crowdfunder.co.uk/p/water-for-rojava?

437   ANF *News*, «Consejo trabaja para solucionar problemas de abastecimiento de agua en Shedade», 9 de julio de 2020, https://anfespanol.com/rojava-norte-de-siria/consejo-trabaja-para-solucionar-problemas-de-abastecimiento-de-agua-en-shedade-21252

438   Solidarity Economy Assoc. (sea), «Water for Rojava».

439   «Informe actualizado de la situación en Gaza» (UNRWA, 11 de enero de 2024), https://unrwa.es/actualidad/noticias/informe-actualizado-de-la-situacion-en-gaza-11-de-enero-de-2024/

440   «Informe actualizado de la situación en Gaza» (UNRWA, 22 de mayo de 2024), https://unrwa.es/actualidad/noticias/informe-actualizado-de-la-situacion-en-gaza-22-de-mayo-de-2024/

441   A 12 de enero de 2023: Brasil, Colombia, Bolivia, Venezuela, Nicaragua y Cuba, en América. Del resto del mundo: Jordania, Turquía, Bangladesh, Malasia, Pakistán y Maldivas, la Liga Árabe (que reúne a 22 países que comparten esa lengua) y la organización de Países Islámicos. Naiara Galarraga Gortázar, Lucas Reynoso, y Rocío Montes. «Brasil y Colombia impulsan desde Latinoamérica la denuncia de Sudáfrica contra Israel por genocidio en Gaza». *El País*, 12 de enero de 2024. https://elpais.com/america/2024-01-12/brasil-y-colombia-impulsan-desde-latinoamerica-la-denuncia-de-sudafrica-contra-israel-por-genocidio-en-gaza.html

442   Aine Gallagher, «11 preguntas para entender la acusación de genocidio de Sudáfrica contra Israel (y qué papel juega la Corte Internacional de Justicia)», *BBC News Mundo*, 9 de enero de 2024, https://www.bbc.com/mundo/articles/cw0lnzr4zero

443   «Convención para la Prevención y la Sanción del Delito de Genocidio» (*Naciones Unidas*, 9 de diciembre de 1948), https://www.ohchr.org/es/instruments-mechanisms/instruments/convention-prevention-and-punishment-crime-genocide

444   «México y Chile piden a la Corte Penal Internacional que investigue posibles crímenes de guerra en los territorios palestinos», *BBC News* Mundo, 19 de enero de 2024, https://www.bbc.com/mundo/articles/c72y2vex8jqo.

445   «Estatuto de Roma» (Corte Penal Internacional, 1998), https://www.un.org/spanish/law/icc/statute/spanish/rome_statute(s).pdf

446   «España, Irlanda y Noruega anuncian el reconocimiento oficial de Palestina como Estado», *El Salto*, 22 de mayo de 2024, https://www.elsaltodiario.com/palestina/espana-irlanda-noruega-anuncian-reconocimiento-oficial-palestina-estado

447 «Piden que se dicten órdenes de detención contra el primer ministro israelí, Benhamin Netanyahu, y varios líderes de Hamás» (*Naciones Unidas*, 20 de mayo de 2024), https://news.un.org/es/story/2024/05/1529871.

448 *Falastin*, 2024, https://www.youtube.com/watch?v=p8UrxU9enWM

449 «Carta de las Naciones Unidas» (*Naciones Unidas*, 26 de junio de 1945), https://www.un.org/es/about-us/un-charter/full-text

450 «III. La colonización de los ríos: embalses y guerras del agua», en *Las guerras del agua: contaminación, privatización y negocio*, de Vandana Shiva, 1a. ed (Barcelona: Icaria, 2004).

451 *Falastin*.

452 «III. La colonización de los ríos: embalses y guerras del agua».

453 Javier Villate, «¿Cómo puede resolver Gaza la catástrofe del agua contaminada?», *Disenso Noticias Palestina* (Medium) (blog), 24 de noviembre de 2018, https://medium.com/disenso-noticias-palestina/c%C3%B3mo-puede-resolver-gaza-la-cat%C3%A1strofe-del-agua-contaminada-a02f795b662b

454 «Israel-Palestina: No queda casi ni una gota de agua potable en Gaza», *Noticias ONU*, 20 de diciembre de 2023, https://news.un.org/es/story/2023/12/1526617

455 Diego Stacey, «Pedro Arrojo, relator especial de la onu: "La guerra de Gaza se encamina a un genocidio"», *El País*, 4 de noviembre de 2023, https://elpais.com/internacional/2023-11-04/pedro-arrojo-relator-especial-de-la-onu-la-guerra-de-gaza-se-encamina-a-un-genocidio.html

456 Patricia R. Blanco, «Gaza se muere de sed», *El País*, 21 de octubre de 2032, https://elpais.com/internacional/2023-10-21/gaza-se-muere-de-sed.html

457 Diego Stacey, «Pedro Arrojo, relator especial de la ONU: "La guerra de Gaza se encamina a un genocidio"».

458 Patricia R. Blanco, «Gaza se muere de sed».

459 «Israel-Palestina: No queda casi ni una gota de agua potable en Gaza».

460 Patricia R. Blanco, «Gaza se muere de sed».

461 Joan Mas Autonell, «Gaza apuesta por la desalinización para enfrentar su creciente escasez de agua», *Infobae*, 8 de septiembre de 2023, https://www.infobae.com/america/agencias/2023/09/08/gaza-apuesta-por-la-desalinizacion-para-enfrentar-su-creciente-escasez-de-agua/

462 Ahoztar Zelaieta, «La colaboración vasco-española detrás del apartheid del agua de Israel a Palestina», *El Salto*, 23 de octubre de 2023, https://www.elsaltodiario.com/ocupacion-israeli/colaboracion-vasco-espanola-apartheid-agua-israel-palestinos

463 Patricia R. Blanco, «Gaza se muere de sed».

464 Lucía Montilla, «Mapa de los conflictos por el agua: más de mil en lo que va de siglo y acelerando en los últimos años», *RTVE*, 22 de marzo de 2023, https://www.rtve.es/noticias/20230322/mapa-conflictos-agua/2432404.shtml#israel-palestina

465 «Israel-Palestina: No queda casi ni una gota de agua potable en Gaza».

466 Idem.

467   Ethar Shalaby, «"Estoy bebiendo agua contaminada porque no tengo más op-
      ción": la grave crisis sanitaria que vive Gaza por el bloqueo de Israel», *BBC News
      Mundo*, 18 de octubre de 2023, https://www.bbc.com/mundo/articles/c1r4z-
      1dennxo

468   Diego Stacey, «Pedro Arrojo, relator especial de la onu: "La guerra de Gaza se
      encamina a un genocidio"».

469   Javier Villate, «¿Cómo puede resolver Gaza la catástrofe del agua contamina-
      da?».

470   Nadeen Ebrahim, «Israel está probando inundar los túneles de Hamas. Esto
      es lo que podría pasar si amplía la operación», cnn, 16 de diciembre de 2023,
      https://cnnespanol.cnn.com/2023/12/16/tuneles-hamas-israel-trax/

471   Lucía Montilla, «Mapa de los conflictos por el agua: más de mil en lo que va de
      siglo y acelerando en los últimos años».

472   Ana Alba, «La lucha contra el expolio del agua en Palestina», *eldiario.es*, 25 de
      abril de 2019, https://www.eldiario.es/unrwa/lucha-expolio-agua-palesti-
      na_132_1578344.html

473   Emanuele Bompan, «Agua santa. El conflicto palestino-israelí por el agua», *El
      País*, 2017, https://elpais.com/especiales/2017/planeta-futuro/agua-palesti-
      na-israel/

474   Ana Alba, «La lucha contra el expolio del agua en Palestina».

475   «Aida», s. f., https://unrwa.es/campamento/aida/

476   Ana Alba, «La lucha contra el expolio del agua en Palestina».

477   Lucía Montilla, «Mapa de los conflictos por el agua: más de mil en lo que va de
      siglo y acelerando en los últimos años».

478   Ana Alba, «La lucha contra el expolio del agua en Palestina».

479   Lucía Montilla, «Mapa de los conflictos por el agua: más de mil en lo que va de
      siglo y acelerando en los últimos años».

480   Red Solidaria contra la Ocupación de Palestina, «*Boicot Agua Eden*», s. f., https://
      boicotisrael.net/?s=eden.

481   «¿Cómo empezó todo? Agua del Edén», s. f., https://www.meyeden.co.il/meye-
      den/history

482   «Información del grupo Grupo Eden Springs - Agua Eden», s. f., https://www.
      aguaeden.es/sobre-eden/grupo-eden-springs

483   «Primo Water Corp - Our history», s. f., https://primowatercorp.com/about-us/
      our-history/

484   «McDonald's hit by Israel-Gaza "misinformation"», *BBC News*, 4 de enero de
      2024, https://www.bbc.com/news/business-67885910

485   «Boicot a Israel», *Actúa por Palestina* (blog), s. f., https://porpalestina.org/boi-
      cot_israel/

486   «BDS Movement», s. f., https://bdsmovement.net/es

487   «No Thanks», s. f., https://play.google.com/store/apps/details?id=com.bash-
      software.boycott&hl=es_PR&gl=US&pli=1

488   «Futurs ecofeministes. Vandana Shiva conversa amb Yayo Herrero», *Literal*, 26
      de mayo de 2024, https://www.youtube.com/watch?v=Pl9VYOWHTss

489   «@impremtacollectiva», *Instagram*, 1 de noviembre de 2019, https://www.instagram.com/p/B4Uh3TxDKpV/

490   Chunxia Li, Yanpeng Cao, y Chi Zhang, «Earliest ceramic drainage system and the formation of hydro-sociality in monsoonal East Asia», *Nature Water,* n.o 1 (14 de agosto de 2023): 694-704.

491   Antonio Eid Peredo, «Latinoamérica: luchas y retos que inspiran», *Opcions*, primavera/verano de 2023.

492   Luis Lloredo Alix, «¿Qué son los derechos de la naturaleza y por qué los necesitamos?», *El Salto*, 22 de noviembre de 2023, https://www.elsaltodiario.com/medioambiente/derechos-naturaleza-necesitamos.

Índice

Mochila económica

En un ejercicio de transparencia, hemos decidido exponer cuáles son los costes que hay detrás de la publicación de cada libro. Creemos totalmente necesaria la accesibilidad a la cultura y la necesidad de generarla desde posiciones críticas. Intentamos que los precios de nuestros libros no sean desorbitados pero que, a su vez, sean viables para sostener el proyecto. Esperamos que esto ayude a las lectoras a tomar conciencia de lo que supone hacer un libro.

El precio de venta de este libro se divide de la siguiente forma:

Trabajo de impresión y post-impresión:	2,78 €
Trabajo de edición:	1,94 €
Recuperación de la inversión:	2,02 €
Autoría:	1,8 €
Trabajo de corrección:	1,37 €
Trabajo de distribución:	2,00 €
Librería u otras:	5,4 €
IVA:	0,69 €
PVP:	18 €

Ecología del libro

Cada vez que se comparte un libro, el impacto ecológico de haberlo producido se divide entre dos. Si se comparte una segunda vez, esta división se multiplica, a su vez, por dos. Y así, hasta el infinito.

Por este motivo incluimos, en cada una de nuestras ediciones, una hoja de más para que se anoten las personas que han compartido el mismo libro.

Nombre	Fecha	Lugar

Este libro se acabó de maquetar, imprimir y encuadernar en los
talleres de Descontrol Editorial & Impremta SCCL
durante el caluroso verano de 2024,
surfeando la escasez y la sequía, deseando lluvia, rayos y truenos
que hagan temblar el sistema
que convierte los bienes comunes en mercancías.